広島修道大学テキストシリーズ

これで使える
実践Webスクレイピング
Pythonで学ぶWeb情報収集

金　徳謙

九州大学出版会

まえがき

　現代におけるインターネットの利用は当たり前のことで，インターネットはわたしたちの生活に欠かせない存在となりました。インターネットを介して膨大な情報を閲覧できるようになり，インターネットは宝の山になった一方，他方で膨大な情報の中から必要な情報を収集することは，手作業ではとても難しく，ほぼ不可能となりました。どうにか情報を収集できても，情報量がとても多いため，データ分析によって全容を把握することすらできなくなりつつあります。

　近年，このように宝の山であるインターネットを有効活用するために必要なスキル，いわゆるデータサイエンスが注目されるようになりました。インターネット利用の増加から考えると，今後データサイエンスへの注目度はさらに高まることと推察されます。

　時代の変化とともにパソコンに接すること，いいかえれば，パソコンとコミュニケーションをとることは，現代人に欠かせないスキルとなり，その必要性や重要性は高まっています。しかし，いわゆる文系人にとって，コンピュータに接すること，具体的にデータサイエンスを学ぶことは，数学やコンピュータ・プログラミングを学ぶことと認識され，これまで敬遠されてきました。

　そこで本書では，文系，理系を問わず，コンピュータとのコミュニケーションスキル，いわゆるデータサイエンスについての理解と，さらに仕事や研究などに実践で使えるレベルのスキルの習得ができるよう，インターネットからのデータ収集方法について，初学者のために分かりやすく解説することとしました。本書では，実在する Web サイトからの Python によるデータ収集を事例として，Web スクレイピングに必要な知識や考え方など，具体的なスキルを身につけることができるようになっています。Web スクレイピングにチャレンジしたものの挫折した方や，データサイエンスの初心者でも，効率よくインターネット上のデータを収集できるようになる，実践的解説書です。

　なお，本書は刊行にあたり，2024年度広島修道大学教科書出版助成を受けました。

金　徳謙

目　次

第 2 部　実務データの収集

図目次

表目次

第 1 部

Web スクレイピングのために

┃ データサイエンスとは

1 コンピュータとのコミュニケーション

データサイエンスをひとことでいうと，コンピュータとのコミュニケーションをとるための道具といえます。

人は生涯ひとりぼっちでは生きていけませんので，生きている間，他人とのコミュニケーションは欠かせません。コミュニケーションをとる際，ことばという道具が使われています。しかし，世界中にはさまざまなことばがあり，異なることばを話す人とはうまくコミュニケーションがとれません。このため，国際的に通用する英語ということばを使ってコミュニケーションをとったりします。

しかし，時代は変わり，わたしたちは人同士のコミュニケーションだけではなく，日常的に使われているコンピュータともコミュニケーションをとらなければならなくなりました。コンピュータにはさまざまなものがあり，一般的なデスクトップ型やノート型のコンピュータはもちろん，タブレットやスマートフォンなどもコンピュータの一種といえます。

このことを考えると，わたしたちはコンピュータなしでは何もできません。コンピュータが好きか嫌いかにかかわらず，毎日コンピュータを使わなければなりません。いいかえれば，わたしたちは日常的にコンピュータとコミュニケーションをとっているのです。このように現代社会においてコンピュータとのコミュニケーションは欠かせないことが分かります。

わたしたちの生活の一部になったコンピュータとのコミュニケーションは，人同士のコミュニケーションのように簡単ではありません。その理由は，人とコンピュータが異なることばを使っているからです。コミュニケーションをとるためには，いうまでもなく両者が理解できることばを使う必要があります。

残念ながら，まだコンピュータはわたしたち人間のことばを理解できませんので，逆にわたしたちが，コンピュータが理解できることばを覚えるしかありません。コンピュータとコミュニケーションをとることで，あることを速く，またはそれまでできなかったことを可能にするなど，わたしたちにも利益があります。このため，コンピュータがわたしたち人間のことばを理解できるようになるまで，わたしたちはコンピュータが理解できることばを覚えるしか選択肢はありません。

さて，コンピュータが理解できることば，いわゆる，コンピュータ言語ですが，プログラミング言語ともいわれ，例えば，Basic，Cobol，C，C+，C++，Python，R などさまざまな言語

があります。人間社会における外国語のようなものと理解すれば，概ね間違いないと思います。これらの言語はコンピュータとのコミュニケーションをとる際，絶対必要な道具です。これらのプログラミング言語にも基本的には人間が使うことばのように規則（文法や使い方など）がありますが，人間が使うことばと比べると簡単な構造であるため，比較的短時間で習得することができます。もちろん，言語によって多少の学習しやすさに相違はあります。

2　データサイエンスを学ぶ理由

　人間活動の高度化は社会を発展させ，精度や速度が重視されるようになり，コンピュータはビジネスの場面だけではなく，わたしたちの日常生活の場面においてまで，利便性の向上に大きく活躍をしています。このようなコンピュータの日常化は，情報量の増加を招き，情報の収集においても情報量が少なかった従来のような手作業では追いつかなくなりました。

　ある地域，例えば，広島市内にあるすべての宿泊施設の名称や種別，住所，電話番号などの情報を収集する場合，みなさんならどのような手法を使いますか？　また収集にどれほどの時間がかかりますか？　さまざまな方法が考えられます。例えば，インターネット上で検索する方法までは思いつくと思いますが，検索後，具体的にどうすれば情報を取得できるのか分からず困った経験をしたことはありませんか？　インターネット上に公開される情報の増加により，このような場面はビジネスや研究，学業などで普通に遭遇する問題です。読者のみなさんはこのような経験はありませんか？　インターネット上の膨大な情報を（簡単に）収集することはできますか？

　インターネット上に氾濫する膨大な情報を効率よく収集・分析した上で，分かりやすく表現することでそれまでみえなかったことがみえるようになります。企業においては意思決定，国や地方自治体においては政策の決定，研究では，いわゆる研究の動向などを把握することを可能にする，とても重要なことといえます。

　このような場面で必要になるのが，コンピュータを利用し効率よくデータを収集する方法で

図 I-1　データサイエンスの概念

す。コンピュータを上手に使うことで，データの収集はもちろん，収集した膨大なデータを簡
単に分析することもできるようになります。

　非常に乱暴な言い方になりますが，データサイエンスとはこのような，とくにインターネッ
ト上にあふれる情報から必要なものを収集して分析し，分かりやすく表現するまでの一連のな
がれのことをいいます。

3　Web スクレイピングを学ぶ

　著者は，データサイエンスはいまの時代に欠かせない必須スキルと思っています。今後も
データサイエンスはさまざまな分野で重要性が再認識されていくと確信しています。このた
め，データサイエンス関連知識やスキルを習得することをお勧めします。

　学習方法として，はじめは関連するさまざまな知識に触れることも必要であると思います
が，道具として使うためには使用頻度が高いものを確実に習得することが，実践で応用できる
コツと考えています。

　本書では，データサイエンスの最初のステップといえる，インターネット上のデータを効率
よく収集する，いわゆる Web スクレイピングに焦点を当て，解説していきます。なお，難しい
プログラミング知識や数学などについての説明は必要最小限に抑え，実際にコードを書いて実
行させ，仕組みや各々のメソッドの役割を理解して学習する方法で進めていきます。

　地域調査やマーケティングに必要なデータを，実在するサイトから収集する方法を取りあ
げ，データサイエンスの初学者や今までチャレンジしたことがあるけれどなかなかデータ収集
までたどり着けなかった読者を対象に，トレースできるように詳しく解説していきます。

　さて，Web スクレイピングにはさまざまな方法があります。さらに，直接コードを書いて行
う場合に用いられるパソコン言語もさまざまですが，本書では初心者でも分かりやすく学びや
すいことや，有用な関連ライブラリ（後付けできる追加機能）も多いことから，Python を用い
てのコード作成方法を解説していきます。

II Anaconda

　Pythonを用いてデータの収集や分析などを行うためには，Python本体のほかに関連ライブラリの準備と，書いたコードの実行結果が確認できる環境の構築が必要です。必要なソフトすべてを個別にインストールするためにはかなりの時間と努力が必要です。このため，本書ではPython本体や主なライブラリが予めインストールされているうえ，書いたコードを行単位で実行でき，その結果の確認もできるAnacondaを用いて解説を進めていきます。Anacondaを利用するメリットは，1つ目に簡単にインストールできること，2つ目に行単位でコードの実行と結果の確認ができること，3つ目にOSによりインストールの手順は異なるもののインストール後OSによる影響をほとんど受けないことといえます。パソコンのOSがWindowsやMac，Linuxなどで異なる場合でもAnacondaを起動すれば，その後は同じ環境でPythonコードの作成と実行ができます。このため，Anacondaは初学者からベテランに至るまで広く使われています。

1　Anacondaのインストール

　本書ではWindows OSを例にインストール手順を解説しますが，MacOSやLinuxの場合もほぼ同じ手順です。Windows OS以外を使っている読者はぜひチャレンジしてみてください[1]。また，WebブラウザはGoogle Chrome（以下，Chrome）を基本に説明していきます。Microsoft edgeやSafari，Firefoxなどを使っている場合，検索結果が異なる場合がありますが，本章の解説に問題になることはありません。

　ChromeでAnacondaを検索すると，上部に図II-1のようにAnaconda.comが確認できますので，クリックして移動します[2]。次の**1**のように表示され，使用中のパソコンのOS用の

図II-1　Anacondaの検索結果

```
https://www.anaconda.com › products   ⋮  このページを訳す
Individual Edition - Anaconda
Anaconda Individual Edition is the world's most popular Python distribution platform with over 25
million users worldwide. You can trust in our long-term ...
Commercial Edition   Enterprise Edition   Blog
```

1）重要なところについては，MacOSへのインストールについても簡潔に説明をつけ加えます。
2）この際，Anaconda.com以外にもインストールや使い方の説明などが掲載された各種サイトが表示されますが，Anaconda.comサイトであることを確認します。

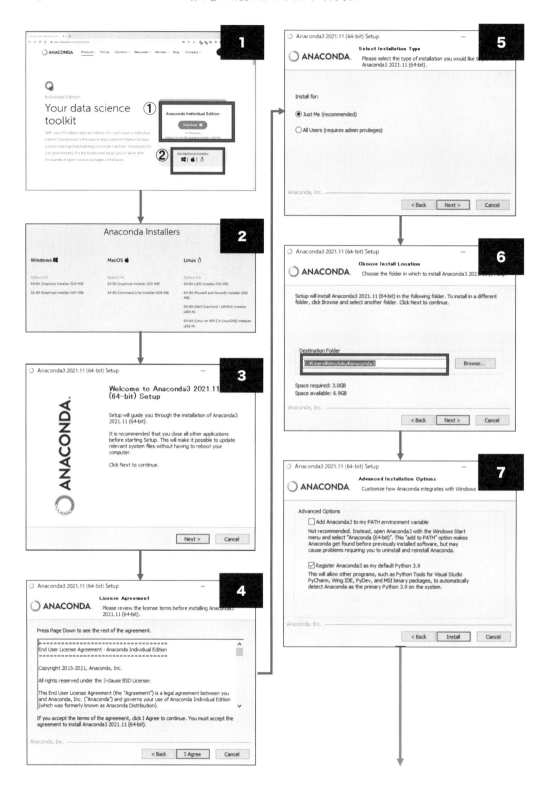

引用：Anaconda サイトより

Anaconda が選択されていることが①から分かります。②では別の OS 用の Anaconda の選択ができます。画面の表示に従い**1**～**9**を順に進めていくだけでインストールは終わります。

この際，いくつか注意と確認が必要な箇所があります。**5**で Anaconda を利用できるユーザー指定が必要ですが，デフォルトではひとりのユーザー（PC にログインしたユーザー）のみとなっていますので，どちらかを選択します。自分専用の PC を使っている場合はデフォルトのままにしておくことをお勧めします。理由はあとで追加するファイルを格納する場所が異なるためです。

6でインストールされるフォルダの確認と変更ができます。デフォルトで表示されるフォルダ名が半角の英数字になっているかを確認します。半角の英数字以外が使われている場合，稀に Python 実行中フォルダが認識されずエラーになる場合があります。このようなエラーを避けるため，ルートディレクトリ（c:\）に半角英数字だけを使ってフォルダ（例えば，c:\anaconda3など）を作成しそこをインストールフォルダに指定します。その他に，［Next］ボタンがクリックできない状態（灰色）になっている場合がありますが，これはパソコンの空き容量の不足が原因で，空き容量がインストールに必要な 3 GB より少ない場合に表示されます。パソコン内の不要なファイルを削除するなどで空き容量を増やす必要があります[3]。

8までの作業でインストール作業は終わりますが，ユーザー登録を促す画面になりますので，必要なら登録してください。ユーザー登録をしなくても使用は可能です。インストールの後，はじめて Anaconda を起動する時のみ，**9**のような Windows セキュリティー警告が表示される場合がありますが，新しいソフトのインストール後表示される場合があります。［アクセスを許可する（A)］をクリックします。これで，Anaconda を使う準備ができました。

3）この際，なんとか空き容量がギリギリ 3 GB 以上確保でき，Anaconda のインストールができても，パソコン内部に作業に必要な作業用空間が少なく，コードを実行する際，すぐ結果が表示されないなど，待ち時間が長くなる場面が頻繁に生じるようになります。パソコンの空き容量を十分確保することをお勧めします。

2　Jupyter Notebook の起動

（1）Anaconda の起動

インストールした Anaconda は，多種のコンピュータ言語のコード作成をサポートするソフトをまとめたもので，本書で取りあげる Python 以外の言語にも対応しています。Anaconda を起動する方法には，図 II-2 のような GUI[4] による Anaconda Navigator とコマンドによる操作ができる Anaconda Prompt（または Power Shell）があります。これらの起動は，Windows のスタートボタンをクリックし表示されるリスト（図 II-3）から選択できます。

読者のパソコンでは図 II-3 に表示される内容と多少異なる場合がありますが，本書では基本的にコマンドによる操作についての操作は行いませんのでとくに問題になることはありません。

（2）Jupyter Notebook の起動

前節で Anaconda を起動しましたが，起動画面には図 II-2 の中の①でみるように Jupyter Notebook と，ほかに Jupyter Lab があります。両者に機能的な差はほとんどありません。後者は表示画面の左側に全体のフォルダと選択フォルダ内のファイルが表示されるため，フォルダの状態や全体の構造を把握しやすいメリットがありますが，代わりにコードやコードの実行結果を表示する表示ウィンドウが狭くなります。本書ではコードと実行結果のウィンドウが広い前者の Jupyter Notebook を用いることにします。

図 II-2　Anaconda Navigator の起動画面　　　　　図 II-3　Anaconda の起動方法

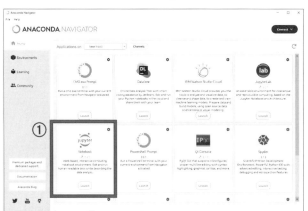
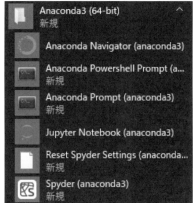

引用：Anaconda サイトより

---

4) GUI は Graphic User Interface の略で普段使い慣れている操作ウィンドウから設定や入力などを行う方法です。コマンドによる操作は黒い画面の操作ウィンドウに白い文字（コマンド）を打ち込みコードなどを書いて操作する方法です。いまは GUI による操作が主流になっていますので，本書においても GUI による操作を基本に解説を進めていきます。

図 II-4　Web ブラウザの選択

図 II-5　Jupyter Notebook の起動画面

Jupyter Notebook をはじめて立ち上げると，図 II-4 のように表示するアプリの選択を促す画面が表示されます[5）]ので，Chrome を選択してください。この表示は最初の起動時のみで，2 回目以降の起動時には表示されなくなります。

　Jupyter Notebook が立ち上がると図 II-5 のようにパソコンのルートディレクトリからのフォルダリストが表示されます。

　これから作成する Python ファイルを格納するフォルダを作成しておきます。この際，フォルダ名には空白を使わず，半角英数字のみ使うことをお勧めします。理由は，コードの作成に支障はありませんが，コードの実行時エラーが生じるなどの不具合を避けるためです。

5）Windows OS の場合，Microsoft edge がデフォルトで含まれているため，Microsoft edge だけが表示される場合があります。図 II-4 は，Chrome をインストールしたため，表示されています。本書では Chrome を用いて解説していきます。Chrome が表示されていない場合には Web ブラウザから Chrome を検索，ダウンロード後インストールしてから再度 Jupyter Notebook を起動してください。

図 II-6 新規ファイルの作成

図 II-7 新規ファイルの初期画面

図 II-6 でみるようにフォルダ内にはファイルがなく空のままです。コードを作成するためにはファイルを作成する必要があります。図 II-6 右上の［新規］をクリックしリストから Python 3（ipykernel）を選択，クリックし，新しいファイルを作成します。

作成されたファイルは図 II-7 のとおり，最初の 1 行が表示されているだけです。これで，Jupyter Notebook でコードを書く準備が整いました。

3 Jupyter Notebook の操作方法

基本的な使い方は，メニューバーのヘルプを活用することで習得できると思います。Jupyter Notebook の起動後，［ヘルプ］→［ユーザーインタフェースツアー］を順にクリックし，使い方の説明をひととおり確認しておきましょう。

進む・戻るはカーソルの左右で行います。途中［esc］キーのクリックで終了します。必要ならいつでも使い方を確認できます。

Jupyter Notebook には 2 つのキーボード入力モードがあります。1 つは編集モードといい，緑色のセル枠（図 II-7 の 1 行目）で表示されます。このモードでは Python コードや文字の入力ができます。もう 1 つはコマンドモードといい，青色のセル枠で表示されます。このモードでは

Jupyter Notebook をコマンド（の入力）で操作する（ショートカットキーの入力で操作する）ことができます。2つのモードでのショートカットキーを上手に使うことで作業効率の向上が期待できますので，必要なら確認してください。

　キーボードショートカットのリストは，［ヘルプ］→［キーボードショートカット］を順にクリックすることで表示できます。または，コマンドモードでHキーをクリックしても表示できます[6]。

4　コードの表示

　本書の解説では，Jupyter Notebook 上での実際のコードの入力と実行結果を表示する方法として，次のように区分して表記します。

　実際にはコードの入力部には入力［数字］がつき，入力したコードの実行結果はコード入力欄のすぐ下に表示されますが，本書では入力と実行結果を順に In ， Out で示し表記します。

Jupyter Notebook の実際の表示

```
入力 [4]: import requests
          import pandas as pd

          print('Hello! Python.')

          Hello! Python.
```

In

```
import requests
import pandas as pd

print('Hello! Python.')
```

Out

```
Hello! Python.
```

6）モードの変更を自由に使うためには慣れが必要ですが，編集モードからコマンドモードへの変更は［esc］キーのクリックで，コマンドモードから編集モードへの変更は［Enter］キーをクリックすることでできます。ショートカットキーを使うためには，まずモードを変更し，続けてショートカットキーを入力します。

III Python の基本

1 特徴

　既述のとおり，コンピュータとのコミュニケーションにはコンピュータ言語（以下，プログラミング言語）の習得が必要ですが，それにはさまざまなものがあり，全部を習得することは非現実的です。プログラミング言語は，作成したコードを実行する際，コンピュータが分かるように機械語に変換（コンパイル，compile）する過程が必要なコンパイル型言語と，変換の過程が不要な言語，いわゆるインタープリタ（interpreter）型言語に大別できます[1]。

　前者には Fortran や Cobol，C などが知られており，実行速度が速い代わりにコードの修正などが難しく，初学者にとって分かりにくいデメリットがあります。これに対して後者としては Python をはじめ，R などをあげることができますが，その他にもさまざまな言語があります。この類の言語は前者に比べて実行速度が劣る一方，他方でコードを作成する途中で修正ができる（1行ずつ確認しながら作成できる）特徴があります。実行速度が遅いといいましたが，本書で取りあげる程度のことなら，実行速度が気になるほど遅くなるわけではありません。このため，コードの構造を確認しながら作成，修正，実行ができる点は大きなメリットといえるでしょう。

2 データの形式

　本節では，Python をはじめ，データサイエンスを学ぶために欠かせないデータの形式を取りあげます。

　Python で取り扱うデータにはいくつかの形式があります。形式ごとに得意・不得意な処理があり，必要に応じてデータの形式を変えながらコードを作成する必要が生じます。このようなデータ形式の変換をスムーズに行うため，データ形式の理解と変換方法の習得が必要です。この機能はとても便利な機能ですが，使いこなすためにはデータの形式をしっかりと理解する必要があります[2]。本節ではリスト・シリーズ・データフレームの3種のデータ形式の概念を図説していきます。具体的な取り扱い方法については章を改め，実際の使い方を取りあげながら

---

1) プログラミング言語の区分は，さまざまな見方や考え方があり，本書での区分が絶対とはいえません。本書では書いたコードを1行ずつ実行しながら確認できることを基準に，コード作成者側の視点から区分をしたものです。

詳しく説明します。

（1）リスト（List）形式

　リストとは，図III-1でみるようにデータが1列に並んでいる形式のものを指します。この際，田中・鈴木・青木…のような個々のことを要素といいます。したがって，リストは要素の集合体になります[3]。この際，すべての要素が同じ性質でないといけません。例えば，図III-1のように value データがすべて文字，あるいは，すべて数字のように同じ形式の要素で構成されている必要があります。異なる形式の要素が混在する[4]と，あとから取り扱う際，エラーになったりしますので注意が必要です。

　要素の集合体であるリストは，特定の要素を指す際，何番のものなのか，No. を指定して特定します。指定は順番ではなく，No. であることに注意しましょう。

図 III-1　リスト形式の図示

書き方：　['田中', '鈴木', '青木', '安倍', '渡辺', '木村', ...]のように，
各要素は ' ' か " " で囲み，角カッコの中に入れる

（2）シリーズ（Series）形式

　リストにおいて要素の特定は，何番目のものなのか，つまり配列の位置を指定することでできますが，これでは特定することが不便です。そこで要素の特定をしやすくするため，各要素に名前（index）をつけておいたものがシリーズです。それぞれの要素に図 III-2でみるように，学生番号のような index をつけておくと，index を使うことで要素を特定することができます。index は固有の名称にすぎませんので文字や数字，どちらでもかまいません。index は要素の特定のためのものですので，1つの index に複数の要素をひも付けることや1つの要素に複数の

　2）データの形式は，Python 以外のプログラミング言語においても欠かせない重要な内容です。データの形式の理解度合いは，コード作成能力の上達に直結するといってもいいぐらい重要なポイントで，いわゆる「プログラミングの abc」にあたります。

　3）実際に他の解説書などをみると，概念の説明では要素というものの，個々の要素のことをまとめて指す場合などはvalueと表現されています。本書でもリストの個々の要素をまとめて指す場合，valueと表現します。

　4）文字と数字を同時に使う必要がある場合，数字を文字として扱うように指定する必要があります。これで人の目には数字にみえますが，Python は文字として処理しますのでエラーを防ぐことができます。

図 III-2　シリーズ形式の図示

index :	22a01	22a02	22a03	22a04	22a05	22a06	…
value :	田中	鈴木	青木	安倍	渡辺	木村	…

書き方 :　（['22a01', '22a02', '22a03', '22a04', '22a05', '22a06', ...], ['田中', ' 鈴木 ', ' 青木 ', ' 安倍 ', ' 渡辺 ', ' 木村 ', ...]）のように，各要素は ' ' か " " で囲んだ上で，index と value をそれぞれ角カッコで囲みます。この際，index と value の要素の数は必ず一致する必要があります。一致しないとエラーになるので注意が必要です。

index をひも付けることはできません。index と value の両者は必ず一対一で対応する必要があります。図 III-2 に例示のとおり，学生番号と学生の名前は必ず一対一で対応しなければいけないのと同じです。この際，たまたま同名の学生がいる場合もありますが，別人ですから学生番号と学生は一対一で対応していることになります。

　このようなシリーズ形式のデータには，辞書（ディクショナリ）型といわれる形式がよく使われており，{index : value} の形式で書かれます。辞書は，調べたい言葉とその意味が一対一で対応しています。その対応関係をデータにおいても {index : value} の形式で表現できます。例えば，図 III-2 の場合，［{'22a01': '田中'}，{'22a02': '鈴木'}，{'22a03': '青木'}，{'22a04': '安倍'}，{'22a05': '渡辺'}，{'22a06': '木村'}］のように表現できます[5]。

（3）データフレーム（Data Frame）形式

　ここまでの説明から，リストとシリーズの違いは index の有無ですが，両者が1種類の要素の集合体であることに変わりはありません。つまり，どちらも1次元の配列です。これに対して，ここで取りあげるデータフレームは，図 III-3 でみるようにわたしたちが普段よく使っている表のような形式のものです。列（column）と行（index）という2方向をもつ，いわゆる2次元のデータです。図 III-3 の例では，行に生徒の学生番号が，列に生徒ごとの名前・性別・英語と数学の成績が入っていることが分かります。

　学生数が増えると行数が増え index が多くなり，試験科目が増えると増えた科目の試験成績を入れる column が増えることになります。このように横方向と縦方向に要素の数が変化する形式のデータをデータフレームといいます。これに対してリストは，名前だけの配列や，性別だけの配列，英語の成績だけの配列，数学だけの配列のことになります。シリーズは個人が特定できる index，この例では学生番号と名前，学生番号と性別，学生番号と英語の成績，学生番号と数学の成績のような配列になります。

　図 III-3 では1つのクラスの成績のデータですが，複数のクラスがありクラスごとの生徒の成

　5）辞書型は index と value をコロンで区切り，波カッコで囲む形式で表現します。この際，index と value が文字データの場合には ' ' または " " で囲みます。数字の場合には囲んではいけません。この形式は大量のデータを取得し，好みの形式に変換する際に多用します。

図 Ⅲ-3　２次元データフレーム形式の図示

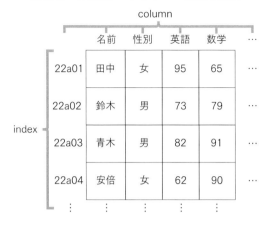

図 Ⅲ-4　３次元データフレームの図示

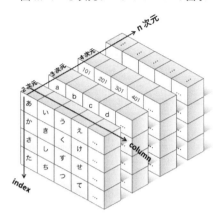

績をまとめるためには図Ⅲ-3と同じ形式のデータフレームが複数並ぶことになります。これを図示すると，横と縦に加え，奥の方向にもデータが増減することになり，図Ⅲ-4のようになります。図Ⅲ-3で横と縦のため２次元になっているので奥方向を加えることで3次元になります。奥方向に増えていくにつれ，取り扱うデータの次元数が増加することになります。次元が増えることで取り扱いが難しくなりますが，基本をしっかり理解できれば，簡単に処理できるようになります。

3　よく使う演算子と書き方

　普段よく使う演算子なので説明が不要かもしれませんが，異なるルールもあります。このルールを無視すると，予期せぬ結果になってしまったりするので慣れるまでは注意が必要です。
　・データとしての文字や数字は別ですが，コマンドは半角の英数字で書きます。
　・数字は，「1, 2, 3, …」のように半角でそのまま書きます。
　・文字は，「'田中','鈴木','青木',…」のように半角の引用符で囲みます[6]。

（1）代入演算子

　頻繁に使う演算子を簡単に解説します。わたしたちが普段よく使う演算子「=」は左右が等しいという意味をもっていますが，Python を含む多くのコンピュータのプログラミング言語では別の意味をもっています。図Ⅲ-5での説明のとおりですが，簡単な数値や文字から複雑な

6）引用符は，' '（シングルクォーテーションマーク）または " "（ダブルクォーテーションマーク），どちらでも使えます。どちらを使うかは個人の好みによりますが，本書では前者の' '（シングルクォーテーションマーク）を使います。理由は，後述する Web スクレイピングで多用する引用符において，後者を使うことによる予期せぬ誤作動が起こりやすくなるためです。

図 III-5　代入演算子

「b を a に代入する」との意味です。
このため，b＝5 なら a も 5 になりますね。
数字だけではなく文字や複雑な数式なども代入できます。
「＝」演算子はこのように代入する意味です。後述しますが，
等しいことを表示するためには「＝＝」を使います。

関数などの数式も指定できます。このため，複雑になりがちなプログラミングの可読性を高める際にも頻繁に使う演算子です。

（2）算術演算子

四則演算に用いる演算子のことなので，説明するまでもないと思います。演算子（＋・－・＊・/）の使い方は表 III-1 のとおりですが，演算子と一緒に使う要素の書き方にもルールがあります。数字は半角のままでいいですが，文字の場合は半角の引用符で囲みます[7]。

とくに，普段の生活の中であまり使わない演算子（//・%・**）の場合，使用するソフトによって書き方のルールが異なる場合があります。本書で用いる Python では表 III-1 に示したとおりのルールが適用されます。

表 III-1　算術演算子

演算子の使い方	説明	補足
1＋2	3	
'花が' ＋ '咲く'	花が咲く	文字を順につなげる
2－1	1	
2＊3	6	×の代わりに＊を使用
4/2	2	÷の代わりに / を使用
5//2	2	割り算の商
5%2	1	割り算の余り
2**3	8（2×2×2）	べき乗

（3）比較演算子

比較演算子は要素が文字か数字かにより異なる場合があります。また，一般的には後述する条件文（if 文）の中に用いられたりします。2 つ以上の記号でできている演算子の場合，表 III-2 の注釈のとおりですが，書き順に注意してください。

7）四則演算子は，掛け算には×に代わって＊を，割り算には÷に代わって / を使いますが，これはコンピュータを用いる演算で共通する点です。

表 III-2　比較演算子

	演算子の使い方	説明	補足
主に数字に	a = = b	a は b と等しい	a = b は，b を a に代入する
	a ! = b	a は b と異なる	
	a < b	a は b より小さい	
	a > b	a は b より大きい	
	a < = b	a は b 以下	
	a > = b	a は b 以上	
主に文字に	a is b	a は b と等しい	
	a is not b	a は b と等しくない（異なる）	
	a in b	a は b に含まれる	a と b は文字型の場合に使用する。
	a not in b	a は b に含まれない	また，b はリスト型などになる

＊「<」・「>」と「=」を一緒に使う場合には，「=」をあとから書く

4　ライブラリのインストールと読み込み

Python は基本的なコードを除き，作業ごとに必要なコードを，インストールとインポートを行って利用する方式になっています。インストールによりライブラリが Python 本体に読み込まれますのでインストールは1回だけで済みますが，ライブラリを利用するためにはその都度インポート（読み込む）する必要があります。

本書では Anaconda 上で Python を利用しますので，インストールの方法が Python 本体上にインストールする場合と少し異なります。

Anaconda 上でインストールする方法は，最初に次のコード例を参考に「！」に続き，インストールのため「pip3 install」と入力し，ライブラリ名を入力して実行するだけです。最初のインストールの場合，インストール終了後，無事にインストールが終わったことを知らせるメッセージが表示されます。すでにインストールされている場合，図 III-6 でみるような，すでにインストールされている旨のメッセージが表示されます。

このように必要なライブラリはいつでも簡単にインストールできます。Python は利用者も多く，インターネット上に便利なライブラリがたくさん公開されています。これらのライブラリをみつけ，インストールして使うことができます。このように便利なライブラリを活用する

図 III-6　ライブラリのインストール

```
In   !pip3 install pandas

Out  Requirement already satisfied: pandas in /Users/kimutoku/opt/anaconda3/lib/python3.
     9/site-packages (1.3.4)
     Requirement already satisfied: python-dateutil>=2.7.3 in /Users/kimutoku/opt/anacond
     a3/lib/python3.9/site-packages (from pandas) (2.8.2)
     Requirement already satisfied: pytz>=2017.3 in /Users/kimutoku/opt/anaconda3/lib/py
     thon3.9/site-packages (from pandas) (2021.3)
     Requirement already satisfied: numpy>=1.17.3 in /Users/kimutoku/opt/anaconda3/lib/p
     ython3.9/site-packages (from pandas) (1.20.3)
     Requirement already satisfied: six>=1.5 in /Users/kimutoku/opt/anaconda3/lib/python
     3.9/site-packages (from python-dateutil>=2.7.3->pandas) (1.16.0)
```

ことで，自分で一からコードを書かなくても簡単にコードを書くことができます。つまり，ライブラリはコード書きをサポートしてくれるとても便利なツールです。本書でも積極的に利用していきます。もちろん，本書で取りあげる Web スクレイピングの解説にもライブラリをインストールするコード書きが基本になります。

5　条件文と繰り返し文

ここではプログラミングに欠かせない条件分岐と繰り返しを取りあげます。

コンピュータは，人間にとっては辛いと感じる繰り返しの作業が得意です。コンピュータに繰り返し作業してもらうためには，いつまで続けるのか，いいかえれば，どのような条件を満たすまで続けるのかを明確に指示する必要があります。

コンピュータは条件と繰り返しを判定しながら作業を行います。簡単なことから複雑なものまであり，プログラミングに欠かせないとても重要なコードです。本節では条件文の代表ともいえる if 文，繰り返しに必要な for 文と while 文について解説します。

（1）if 文

条件判断は，前節で取りあげた比較演算子（表 III-2）を用いて行います。ここでは a と b を例に説明しましたが，if 文の中の条件式に利用します。書き方は図 III-7 でみるように，条件式が 1 つの場合で条件が一致する場合（if）と不一致の場合（else）のコードを順に書きます。条件が複数ある場合には，2 番目以降の条件は if の代わりに elif を使います。elif を使うことで複数の条件（分岐）を設定することができます。この際，条件式は図 III-7 でみるように Tab を押

図 III-7　if 文の形式

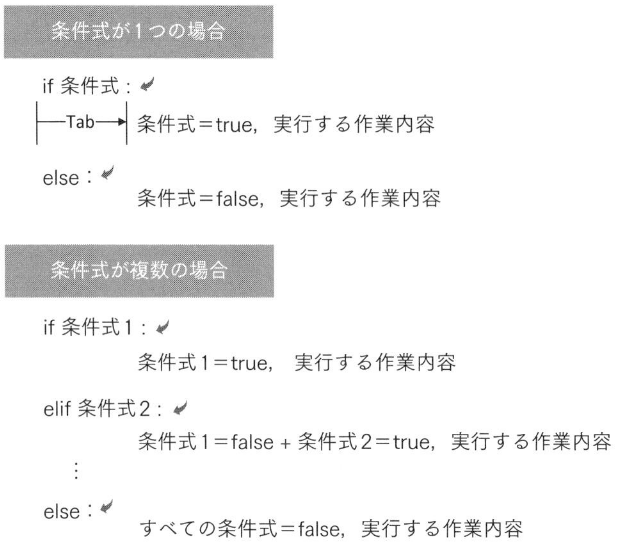

し空白を空けて書かなければエラーになりますので注意が必要です[8]。

　実際のif文は次のように書きます。

　1行目：i = 10　←iに10を代入

　2行目：if i > 5：　← 変数iと5を比較（iが5より大きければ）

　3行目：print（'大きい値です'）　←2行目の条件がtrueの場合の作業内容

　4行目：else:　←2行目の条件がfalseなら（iが5より大きくなければ）

　5行目：print（'小さい値です'）　←4行目と合致する場合の作業内容

　このように5行のコードを書いて[9]実行すると，次のコードの例でみるように「大きい値です」と表示されます。この例では2行目の条件がtrueでないため5行のコードが実行され，「小さい値です」と表示されました。もし1行目の変数iに5より小さい数値が代入されていると，2行目がtrueでなくなるため，4行目と5行目のコードが実行され，画面には「小さい値です」と表示されるようになります。

　さらに，図III-7の下段でみるようにelifを使い，条件を増やすこともできます。詳しい説明は次章以降で取りあげます。

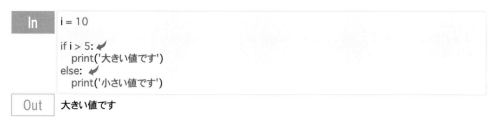

```
In    i = 10

      if i > 5: ↵
        print('大きい値です')
      else: ↵
        print('小さい値です')

Out   大きい値です
```

（2）for文

　for文は繰り返し作業のために必要なもので，本書でのWebスクレイピングのコード作成でも欠かせません。本節では，for文の書式と基本的な使い方を取りあげます。

　書き方は，まずforを，次に繰り返すものを順に入れる変数[10] iを，そして繰り返したいものを入れることを示すinを順に書き，繰り返したいものを羅列して最後に忘れず「:」（コロン）をつけます。図III-8のようになります。これがfor文の書式です。繰り返し代入したいものを，前節で説明したリスト形式で入れておくと，リストの中のものすべてを順に変数iに代入し，指定された作業（実行モジュール）を繰り返し実行します。

　8）作業モジュールはifより字下げされています。Pythonでは，字下げはTabを使って空白を空けます。これを忘れるとエラーになります。字下げはPythonの重要な文法の1つです。Anacondaでコードを書く際，実際には最後のコロン（:）を書きリターンキーを押すと，自動的に字下げされます。

　9）コード文を書く際に，if・elif・elseなどのように制御内容を表す行には図III-7や例文中の ✎ 印のように最後に「:」（コロン）をつけます。つけ忘れるとエラーになります。

10）変数とは，要素の値（value）を入れる容器のようなもので，実際には要素の値（value）を順に入れて作業を行うコードに代入するために用いられます。変数はよく登場する用語ですので，覚えておきましょう。変数の名称は何でもいいですが一般的にiやxがよく使われます。

図 III-8　for 文のイメージ

　繰り返し代入したいもの（変数）を指定する方法には，まず，リスト形式で指定する方法があります。図 III-8 でみるように変数には数字や文字，さらに複雑なコードを指定することができますが，必ずリスト形式で指定しなければなりません。リスト形式の指定は角カッコ（[ ]）で閉じるだけです。これで角カッコ内の配列はリストとして認識され，順に繰り返し作業に代入されるようになります。

　次にリスト形式の配列の代わりに，繰り返し代入したいものを range 関数で指定する方法があります。range 関数の書き方は図 III-8 右端にみるように 3 通りあります。まず，整数で範囲を指定する際，よく使われる方法です。range(5) と書くと，最初の数値から指定の数値（整数）の直前までの数値が順に変数に代入されます。Python の場合最初の整数は 1 ではなく 0 ですので，0 から 5 の直前までの数値が変数に代入されます。つまり，[0, 1, 2, 3, 4] と書いたのと同じことになります。

　次に，range(3, 8) と書くと，3 から 8 の直前までの整数が代入されますので，[3, 4, 5, 6, 7] と書いたのと同じことになります。最後に range(0, 10, 3) と書くと，0 から 10 の直前までの整数が 3 つおきに代入されますので，[0, 3, 6, 9] と書いたのと同じことになります。本節の例では数が少ないので直接書いた（リストを作成する）方が分かりやすいかもしれませんが，数百，数千，数万の結果になる範囲を取り扱う際，手作業でリストを作成することは現実的とは思えません。ここでは基本概念を覚えておきましょう。具体的には次章以降の Web スクレイピングの実例を通して詳しく解説します。

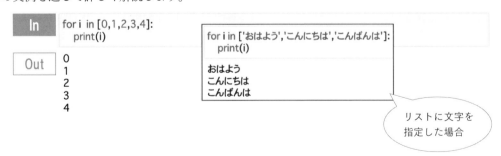

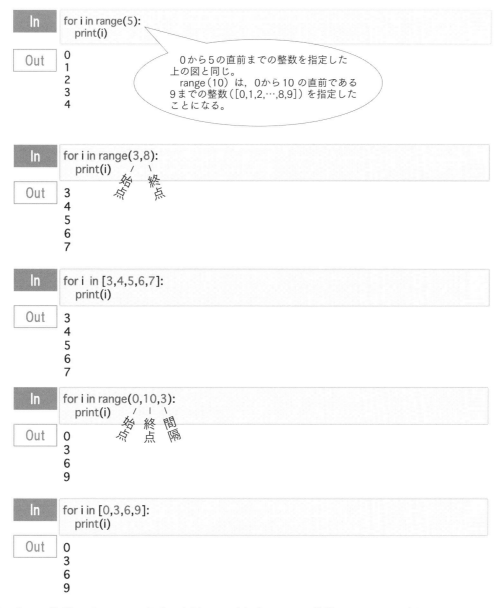

次に，作業モジュールの部分を記述すれば完成ですが，作業モジュールは何をしたいのかによりコードが長くなったり，複雑になったりします。ここでは，画面に表示（印刷）するだけの簡単なコードですが，複雑なコードの場合にも基本は同じです。

（3）while 文

繰り返し作業を行うための制御文に，for 文とは別に while 文があります。両者に大きな違いはなく，どちらも使える場合が多くありますが，いずれかしか使えない場合もあります。両者の使い方を身につけておきましょう。

1行目：i = 0 と変数の初期値を指定します。

2行目：while i < 5 : と変数 i が5より小さい間，繰り返すよう指定します。

3行目：print（i）と字下げとともに変数 i を画面に表示するように指定します。

4行目：この行も while 文にかかるので，字下げして i +=1 と書きます。

　変数 i に1を足してまた変数 i に代入するように「i=i+1」と書きます。この場合，一般的に Python では「i +=1」と書きますが，「i=i+1」と書くのと同じ意味です。例えば，「i +=2」と書くと i に2を足して i に代入することになります。これを while 文と組み合わせると，i の値は0, 2, 4のようになります。ここでは基本的な書き方を覚えておきましょう。実際の使い方は次章以降，実例を取りあげ詳しく解説します。

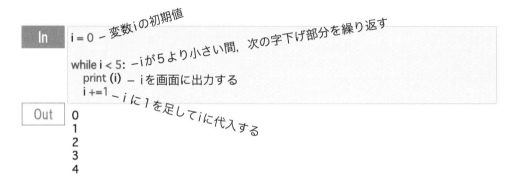

　ここまで if 文や for 文，while 文の書式を取りあげ解説しましたが，いずれも指定条件内で実行するコードは Tab 空けが必要と説明しました。字下げが続く間は指定条件内で実行するモジュールとみなされます。指定条件内で実行したい作業の執行が終わったら，Tab 空けせず元の状態（字下げしない状態）でコードを書く必要があります[11]。

11）字下げしたままコードを書き続けると，繰り返し文が続いていると認識され，エラーになります。Tab 空けによる書き方は Python の特徴（いわゆる文法）なので，必ず書き方を守らなければなりません。

IV　Web スクレイピングに向けた準備

インターットでは html（<u>H</u>yper <u>T</u>ext <u>M</u>arkup <u>L</u>anguage）形式による標記が標準とされています。html 形式の文書とは，文書の中の各部分がどのような役割をもつのかをタグ（tag）で指定した文書です。このため，取得したいデータがもつ役割のタグを指定することで，簡単にデータ（同種のデータを含む）が収集できるようになります。

このような分かりやすい表記法のため，多くの人や自動収集プログラムを使うコンピュータがインターネット上のデータを収集しています。このため，近年 Web サーバーへの負担軽減のため，多くの Web サーバーにおいて措置がとられるようになりました。例えば，人による Web サイトの閲覧以外の自動収集プログラムによるデータ収集を阻止する仕組みが組み込まれているサイトがあります。この類のサイトは増加傾向にあります。

いうまでもなく，読者のみなさんが試みるデータの収集も Web サーバーに負担をかけることになりえます。データの収集を行う際は，必要最小限のデータ収集や長時間の収集作業を行わないことを心がけましょう。

Web サイトからのデータ収集には，キーワードや ID，パスワードなどの入力が必要な場合があります。また，自動収集プログラムによるデータ収集を制限する Web サイトなどもあります。このような途中での入力や制限などがあるサイトからデータ収集を行う際，必要に応じた自動入力およびサーバーからアクセスを拒否されないための「人による操作に近づける（みせかける）」ことが必要になります。このような作業には Selenium ライブラリを使います。Selenium を使うためには，Chrome, Firefox, Microsoft edge, Safari のような Web ブラウザに合うドライバーソフトをインストールする必要があります[1]。本書での作業環境に，OS は Windows, Web ブラウザは Chrome を使って解説を進めていきますので，Chrome 用のドライバーソフトのインストールを取りあげます。その他の組み合わせの場合には環境に合わせてドライバーソフトをインストールしてください。

なお，本書と異なる環境における重要な箇所については，できる限り説明を加えますが，それより詳しい説明は割愛します。

---

1) 異なるブラウザ用ドライバーソフトをインストールすると正常に作動しません。注意が必要です。

1　Selenium の導入

　Selenium ライブラリは，Python コードから自動入力やスクロール，ページめくりなどのよ
うなわたしたちが日常的に行っている Web ブラウザの操作をコードで制御するためのもので
す。ライブラリをインストールする方法は，III 4 で解説したとおりですが，Selenium をインス
トールしたことがない場合，Jupyter Notebook 上で !pip3 install selenium と入力して実行しま
す[2]。実行後，図 IV-1 のようにインストールの進行状況が表示されインストールが終了します。
表示文の下部の枠線内でみるように，正しくインストールされたこと（Successfully installed…）
が表示されます。

図 IV-1　Selenium ライブラリのインストール

```
!pip3 install selenium

Collecting selenium
  Downloading selenium-4.1.3-py3-none-any.whl (968 kB)
                                                 968 kB 1.8 MB/s eta 0:00:01
Collecting trio~=0.17
  Downloading trio-0.20.0-py3-none-any.whl (359 kB)
                                                 359 kB 7.6 MB/s eta 0:00:01
Requirement already satisfied: urllib3[secure,socks]~=1.26 in /Users/kimutoku/opt/anaconda3/lib/python3.9/site-packages (from selenium)
(1.26.7)
Collecting trio-websocket~=0.9
  Downloading trio_websocket-0.9.2-py3-none-any.whl (16 kB)
Requirement already satisfied: idna in /Users/kimutoku/opt/anaconda3/lib/python3.9/site-packages (from trio~=0.17->selenium) (3.2)
Requirement already satisfied: attrs>=19.2.0 in /Users/kimutoku/opt/anaconda3/lib/python3.9/site-packages (from trio~=0.17->selenium) (2
1.2.0)
Requirement already satisfied: sortedcontainers in /Users/kimutoku/opt/anaconda3/lib/python3.9/site-packages (from trio~=0.17->selenium)
(2.4.0)
Collecting outcome
  Downloading outcome-1.1.0-py2.py3-none-any.whl (9.7 kB)
Requirement already satisfied: sniffio in /Users/kimutoku/opt/anaconda3/lib/python3.9/site-packages (from trio~=0.17->selenium) (1.2.0)
Requirement already satisfied: async-generator>=1.9 in /Users/kimutoku/opt/anaconda3/lib/python3.9/site-packages (from trio~=0.17->sele
nium) (1.10)
Collecting wsproto>=0.14
  Downloading wsproto-1.1.0-py3-none-any.whl (24 kB)
Requirement already satisfied: pyOpenSSL>=0.14 in /Users/kimutoku/opt/anaconda3/lib/python3.9/site-packages (from urllib3[secure,socks]
~=1.26->selenium) (21.0.0)
Requirement already satisfied: cryptography>=1.3.4 in /Users/kimutoku/opt/anaconda3/lib/python3.9/site-packages (from urllib3[secure,sock
s]~=1.26->selenium) (3.4.8)
Requirement already satisfied: certifi in /Users/kimutoku/opt/anaconda3/lib/python3.9/site-packages (from urllib3[secure,socks]~=1.26->sele
nium) (2021.10.8)
Requirement already satisfied: PySocks!=1.5.7,<2.0,>=1.5.6 in /Users/kimutoku/opt/anaconda3/lib/python3.9/site-packages (from urllib3[sec
ure,socks]~=1.26->selenium) (1.7.1)
Requirement already satisfied: cffi>=1.12 in /Users/kimutoku/opt/anaconda3/lib/python3.9/site-packages (from cryptography>=1.3.4->urllib
3[secure,socks]~=1.26->selenium) (1.14.6)
Requirement already satisfied: pycparser in /Users/kimutoku/opt/anaconda3/lib/python3.9/site-packages (from cffi>=1.12->cryptography>=
1.3.4->urllib3[secure,socks]~=1.26->selenium) (2.20)
Requirement already satisfied: six>=1.5.2 in /Users/kimutoku/opt/anaconda3/lib/python3.9/site-packages (from pyOpenSSL>=0.14->urllib3[s
ecure,socks]~=1.26->selenium) (1.16.0)
Collecting h11<1,>=0.9.0
  Downloading h11-0.13.0-py3-none-any.whl (58 kB)
                                                 58 kB 6.6 MB/s eta 0:00:01
Installing collected packages: outcome, h11, wsproto, trio, trio-websocket, selenium
Successfully installed h11-0.13.0 outcome-1.1.0 selenium-4.1.3 trio-0.20.0 trio-websocket-0.9.2 wsproto-1.1.0
```

2　Chrome driver の追加

　続いて Selenium を使う Web ブラウザに合わせてドライバーソフトのインストールが必要で
す。ここでは，Chrome 用の Chrome driver をインストールしますが，Chrome のバージョンご
との Chrome driver が提供されているので使用中の Chrome のバージョンに合う Chrome driver

---

　2）インストールは最初の 1 回のみ必要で，その後は必要に応じて Selenium ライブラリを読み込むだけで使用
　　できるようになります。

図 IV-2　Chrome の設定画面

図 IV-3　Chrome のバージョン確認

をダウンロードしインストールしなければ Selenium は正しく動作しません。

　まず Chrome のバージョンを確認します。

　バージョンの確認には図 IV-2 を参考にブラウザの右上の［Google Chrome の設定］→［ヘルプ］→［Google Chrome について］を順にクリックします。これで図 IV-3 のように表示され，枠線内でみるようにバージョンは 114.0.5735.198 と確認できます。

　次に，Chrome driver をダウンロードするため，「Chrome driver ダウンロード」と検索し図 IV-4 のとおり，https://chromedriver.chromium.org のダウンロードサイトに接続します。図 IV-5 のように最新の Chrome driver から降順に古いものまで掲載されています。Chrome driver は使用中の Chrome のバージョンに合うものを使わないとエラーとなり，正しく動作しません。本書では現在使用中の Chrome に合わせて図 IV-5 のとおり，112.0.5615.49 を選択しクリックします。バージョンを選択しクリックすると，図 IV-6 のように表示され，インストール先のパソコン OS の選択画面になります。使用中の OS が Windows なので，枠線内のように chromedriver win32.zip と chromedriver.exe が表示されます。このファイルが Chrome driver です。

26

第 1 部　Web スクレイピングのために

図 IV-4　Chrome driver ダウンロード先の検索

Chromium
https://chromedriver.chromium.org › ... · このページを訳す　⋮

WebDriver for Chrome - Downloads

For more details, please see the release notes. **ChromeDriver** 112.0.5615.28. Supports Chrome
version 112. Resolved issue 4357: **Chromedriver** version 110.0.5481.77 ...
Version Selection · ChromeDriver Canary · Documentation · Need help?

図 IV-5　バージョン別 Chrome driver

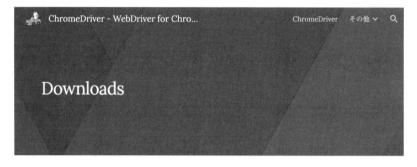

ChromeDriver - WebDriver for Chro...　　　　　ChromeDriver　その他 ∨　Q

Downloads

Current Releases

- If you are using Chrome version 115 or newer, please consult the Chrome for Testing availability dashboard. This page provides convenient JSON endpoints for specific ChromeDriver version downloading.
- For older version of Chrome, please see below for the version of ChromeDriver that supports it.

For more information on selecting the right version of ChromeDriver, please see the Version Selection page.

ChromeDriver 114.0.5735.90

Supports Chrome version 114

For more details, please see the release notes.

ChromeDriver 112.0.5615.49

Supports Chrome version 112

- Resolved issue 3517: Enable print feature for non-headless [Pri-]
- Resolved issue 4419: Large overhead on Speedometer when using chromedriver [Pri-3]

For more details, please see the release notes.

図 IV-6　OS 別 Chrome driver

Index of /112.0.5615.49/

Name	Last modified	Size	ETag
Parent Directory		-	
chromedriver_linux64.zip	2023-04-05 10:27:32	6.75MB	9f887638c5e8bc5313d027a802b092cc
chromedriver_mac64.zip	2023-04-05 10:27:35	8.79MB	a9f0c8afeaecc961d3bdf087f33f71c9
chromedriver_mac_arm64.zip	2023-04-05 10:27:39	8.04MB	19231ea55d8f84baf1aff6e38c6a22e9
chromedriver_win32.zip	2023-04-05 10:27:42	6.80MB	3aa0e2c3dca02a93422152248411c964
notes.txt	2023-04-05 10:27:48	0.00MB	07a5cc857188e777937ca2dcc0017fb6

　最後に，ダウンロードし解凍した Chrome driver を，Python が認識できる正しいバージョンを選択し，クリックしてダウンロードします[3]。ダウンロードされたファイルを解凍する（PATH が通っている）フォルダに入れておくだけですが，初学者にとってハードルが高いところかもしれません。

　本書では Anaconda を使っていますので Anaconda がインストールされているフォルダの中に入れておくだけです。最初に Anaconda をインストールした際，インストール先フォルダを変更していなければ，エクスプローラーからパソコン本体 OS（C）→ ユーザー → 読者のユーザー名 → anaconda を順にクリックして Python 本体があるフォルダを開けることができます[4]。図 IV-7 でみるようにフォルダ内に python.exe があることが確認できますので，この中にchromedriver.exe ファイルを移動させます。これで Chrome driver のインストールが終わり，Jupyter Notebook から Chrome を操作するための準備が終わりました[5]。

図 IV-7　Chrome driver の移動先フォルダ

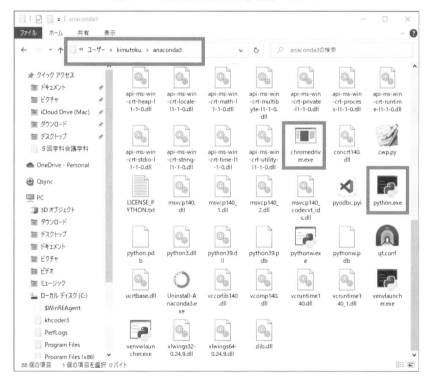

　3）この際，MacOSの場合には注意が必要です。Intelチップの Mac か，M系チップの Mac かを調べ，専用の Chrome driver をインストールする必要があります。チップ種類は，Mac 上で［リンゴマーク］→［この Mac について］を順にクリックし，表示されるプロセッサ情報から確認できます。
　4）Mac の場合は，/Users/ ユーザー名 /opt/anaconda3/bin の中に入れておきます。
　5）本書の説明のように Anaconda がインストールされているフォルダを探しその中に chromedriver.exe を移動させることができない場合にはこのファイルを適当なフォルダに入れておき，PATH を通しておく（指定する）ことで使用できるようになります。しかし，後日バージョンアップを行うたび，このフォルダに新しい chromedriver.exe を入れ替える必要があります。

では，インストールした Selenium や Chrome driver が正常に動作しているのか，実際に Chrome を制御してみましょう。

インストールした Selenium から Web ページを操作するためのライブラリをインポートする必要がありますが，この操作はすべてのライブラリにおいて同じです。図 IV-8 でみるようにコード実行より先に必要なライブラリをインポートし，その後必要なコードを記述します。必要なライブラリがインポートされていない場合，図 IV-9 の枠線内のようなエラーメッセージが表示されます。よく読んで必要な対処を行ってください。

本書の例では Selenium 内の webdriver をインポートしなかったので，インポートして再度実行することでエラーメッセージは表示されなくなります。図 IV-8 でみるように Google サイトが表示されますが，上部の枠線内でみるようにサイトがソフトウェアによって制御されているとのメッセージが表示されます。これは，Web サイトが Selenium によって操作されていることを意味します。

コードの書き方については改めて詳しく解説しますので，ここではひとまず Selenium による Web ブラウザの制御の確認のため，1 文字ずつ入力し動作確認がとれればいいでしょう。

```
In   from selenium import webdriver － Selenium内のwebdriverをインポートする
     browser = webdriver.Chrome() － Chrome用webdriverをbrowserに割り当てる
     browser.get('http://www.google.co.jp') － google.co.jpをbrowserに取り込む
```

図 IV-8　Selenium 操作で開いた Web サイト

図 IV-9　ライブラリのインポートを促すエラーメッセージ

```
In   browser = webdriver.Chrome()
     browser.get('http://www.google.co.jp')

Out  ----------------------------------------------------------------
     ----------
     NameError                               Traceback (most recent cal
     l last)
     Input In [1], in <cell line: 1>()
     ----> 1 browser = webdriver.Chrome()
           2 browser.get('http://www.google.co.jp')

     NameError: name 'webdriver' is not defined
```

3　Chrome driver manager の便利な使い方

前節で Selenium を用いて Web ブラウザを操作するために必要な Chrome driver をインストールする方法を解説しました。正常な制御のためには現在使用中の Chrome のバージョンに合う Chrome driver を導入しておく必要があります。

　Chrome をバージョンアップ（自動アップデータを含む）すると，両者のバージョンが合わなくなるため，その都度バージョンに合う Chrome driver をダウンロードしてインストール（アップデート）する必要があります[6]。

```
In   !pip3 install webdriver_manager

Out  Requirement already satisfied: webdriver_manager in /Users/kimutoku/opt/anaconda
     3/lib/python3.8/site-packages (3.8.0)
     Requirement already satisfied: pybrowsers in /Users/kimutoku/opt/anaconda3/lib/py
     thon3.8/site-packages (from webdriver_manager) (0.5.1)
     Requirement already satisfied: python-dotenv in /Users/kimutoku/opt/anaconda3/li
     b/python3.8/site-packages (from webdriver_manager) (0.20.0)
     Requirement already satisfied: requests in /Users/kimutoku/opt/anaconda3/lib/pytho
     n3.8/site-packages (from webdriver_manager) (2.28.0)
     Requirement already satisfied: certifi>=2017.4.17 in /Users/kimutoku/opt/anaconda
     3/lib/python3.8/site-packages (from requests->webdriver_manager) (2021.10.8)
     Requirement already satisfied: urllib3<1.27,>=1.21.1 in /Users/kimutoku/opt/anacon
     da3/lib/python3.8/site-packages (from requests->webdriver_manager) (1.26.7)
     Requirement already satisfied: charset-normalizer~=2.0.0 in /Users/kimutoku/opt/an
     aconda3/lib/python3.8/site-packages (from requests->webdriver_manager) (2.0.4)
     Requirement already satisfied: idna<4,>=2.5 in /Users/kimutoku/opt/anaconda3/lib/
     python3.8/site-packages (from requests->webdriver_manager) (3.2)
```

本節ではこのような面倒な作業をしなくて済む便利なライブラリの導入について解説します。導入はライブラリをインストールするだけです。はじめてインストールする場合には次のように webdriver_manager をインストールします。インストールについての詳細な情報が画面

6）とくに，Mac などを使う場合には，Chrome driver の提供が遅れる傾向にあるため，Chrome のアップデートは Chrome driver の提供の確認後に行うことをお勧めします。

上に表示されます。例示では，すでにインストールしてあるため，インストールされていると
表示されますが，はじめてインストールする場合，このようなメッセージは表示されません。

```
In ① from selenium import webdriver
       from webdriver_manager.chrome import ChromeDriverManager    ←webdriver_manager.chrome 内の
                                                                       ChromeDriverManager をインポート
    ② # browser = webdriver.Chrome()
       browser = webdriver.Chrome(ChromeDriverManager().install())

       browser.get('http://www.google.co.jp')
```

```
Out  [WDM] - ====== WebDriver manager ======

     2022-10-11 17:53:52,145 INFO ====== WebDriver manager ======

     [WDM] - Current google-chrome version is 105.0.5195

     2022-10-11 17:53:52,194 INFO Current google-chrome version is 105.0.5195

     [WDM] - Get LATEST chromedriver version for 105.0.5195 google-chrome

     2022-10-11 17:53:52,196 INFO Get LATEST chromedriver version for 105.0.5195 google-chrome

     [WDM] - Driver [/Users/kimutoku/.wdm/drivers/chromedriver/mac64/105.0.5195.52/chromedriver] found in cac
     he

     2022-10-11 17:53:52,386 INFO Driver [/Users/kimutoku/.wdm/drivers/chromedriver/mac64/105.0.5195.52/c
     hromedriver] found in cache

     /var/folders/_6/x1j0qfc51mn70k0mts5j8rnc0000gn/T/ipykernel_32740/1179891516.py:5: DeprecationWarni
     ng: executable_path has been deprecated, please pass in a Service object
       browser = webdriver.Chrome(ChromeDriverManager().install())
```

　次は，ドライバーのインストール方法が前節と異なり，上記①のように webdriver_manager
から ChromeDriverManager をインポートします。また，webdriver の割当の際，Chrome() と
指定していましたが，上記②のように引数として ChromeDriverManager を指定する必要があ
ります。Chrome バージョンの変更によるドライバーソフトのアップデートを行う煩わしさか
ら解放されるとても便利なドライバーソフトです。本書では ChromeDriverManager のインス
トールを基本に解説を進めていきます。

4　正規表現の基本

　正規表現（Regular Expression を略し Reg Ex ともいう）とは，決まったルールを使って文字
列や数字列にあるパターンを利用し検索したり，置き換えたり，その他にも文字列を分割した
りなど，文字列をまとめて取り扱う際に利用するとても便利な機能です。この機能は，Web 上
の掲載情報から必要な情報を取り出して収集する際，欠かせないとても重要な機能です。

　一般的に，正規表現はメタ文字（特殊文字）やシーケンスを多用する書き方となります。こ
のため，正規表現は一見すると解読不可能で意味不明な文字のつづりのようにみえますが，基
本的な使い方を覚えておくだけでも，Web スクレイピングなどでは十分実用に足ると思いま
す。本節では基本的な使い方の解説にとどめ，具体的な使い方については次章以降実例での
Web スクレイピング解説の中で順次取りあげます。

　まず，正規表現の処理には標準ライブラリである re が必要です。次のように入力して実行す

ると使えるようになります。続いて，文字や数字が混じっているサンプル文を，①を参考に sample1 = と続けて入力します。

```
In    import re
```

```
      ①sample1 = 'aabbbccccAABBBCCCC123456789012'
```

（1）数字の抽出

いずれかの数字や文字を抽出するためには，[…ココに数字や文字を入れる…] のように半角の角カッコの中に書きます。また，「0から9まで」や「aからzまで」のような連続するものは，「0-9」や「a-z」のようにハイフンを使った表記もできます。前者は0から9までのいずれかの数字1つを，後者はaからzまでのいずれかの文字1つを，意味します。

①re ライブラリを使って抽出する数字を compile し，pattern1 に代入します。

②代入した数字をもとに，データが入っている sample 1 からすべての数字を探します。

この2行のコードを実行すると，sample1 の中から pattern1 で指定した数字が抽出され，リスト[7]形式で返還されます。

```
In    ①pattern1 = re.compile(r'[0-9]')
      ②pattern1.findall(sample1)
```

```
Out   ['1', '2', '3', '4', '5', '6', '7', '8', '9', '0', '1', '2']
```

連続する数字を抽出する場合，角カッコで囲んだもの（いずれかの1つの数字）を並べます。

次の①のように [0-9]（0から9までのいずれかの数字）を3つ並べると，任意の数字が3回続くものを抽出することができます。この方法では，数字が多くなるとみづらくなりますので，一般的にはメタ文字やシーケンスを組み合わせて書きます。記号の集合体なので一見しても意味が分かりませんが，さまざまなパターンの文字や数字などの情報を取り出すことができます。

③のようにシーケンスを使って [0-9] の代わりに \d と表記できます。さらに，\d の反復回数を指定することで簡潔に表記することができます。反復回数は③のように波カッコ（ { } ）の中に書きます。④では，抽出したいパターンを pattern1 に代入しておき，このパターンと同じ数字を sample1 の中ですべて検索するようコードを書いています。

書き方をまとめると，「パターン」・「メソッド」・「検索対象」のようになります。

7）リスト形式は図 III-1 でみるように，[　] の中に表記します。データの形式については，III 2 で取りあげました。必要なら参照してください。

```
In  ① pattern1 = re.compile(r'[0-9][0-9][0-9]')
    ② # pattern1 = re.compile(r'\d\d\d')
    ③ # pattern1 = re.compile(r'\d{3}')
    ④ pattern1.findall(sample1)
```

```
Out ['123', '456', '789', '012']
```

（2）文字の抽出

　文字の抽出も，数字の抽出とほとんど変わりません。[a-z] と書いて a から z までのいずれかの1文字を指定します。その他の書き方は数字の抽出方法と同じです。

　次の例文では，②で [a-z] のいずれかの文字と指定したものを pattern2 に代入し，③では，sample1 の中から pattern2 に代入されたいずれかの1文字をすべて検索するよう書いています。実行すると，小文字のアルファベットが1文字ずつ抽出されます。

```
In  ① sample1 = 'aabbbccccAABBBCCCC123456789012'
    ② pattern2 = re.compile(r'[a-z]')
    ③ pattern2.findall(sample1)
```

```
Out ['a', 'a', 'b', 'b', 'b', 'c', 'c', 'c', 'c']
```

　続いて，連続する文字を抽出する場合は，角カッコで囲んだもの（いずれかの1文字）を並べることで連続する文字を抽出できます。こちらも数字の場合と同じです。例文では，[a-z]{3} と [A-Z]{3} を別々に指定し大文字と小文字を抽出しています。この際，小文字または大文字のように指定するために「|」と書きます。or（または）の意味で使いますので，②では，[a-z]{3}|[A-Z]{3} と指定し，pattern3 に代入しています。③にはこのパターンを①の sample1 からすべて抽出するように書いてあります。実行すると，3文字続く小文字と大文字が抽出されます。

```
In  ① sample1 = 'aabbbccccAABBBCCCC123456789012'
    ② pattern3 = re.compile(r'[a-z]{3}|[A-Z]{3}')
    ③ pattern3.findall(sample1)
```

```
Out ['aab', 'bbc', 'ccc', 'AAB', 'BBC', 'CCC']
```

　前の②で [a-z]と [A-Z]のように小文字と大文字を区分して表記しましたが，次の②でみるように re.IGNORECASE で代用できます。

　re.IGNORECASE は，compile 文の中で「小文字と大文字を区分しない」場合指定しますが，re.I と省略して表記することもできます。このように抽出にかかわる細かい制御文のことをフラグといい，flags = re.IGNORECASE が正式な表記ですが，本書での表記のように省略する場合も多いようです。

```
In  ① sample1 = 'aabbbccccAABBBCCCC123456789012'
    ② pattern3 = re.compile(r'[a-z]{3}', re.IGNORECASE)
       pattern3.findall(sample1)
```

```
Out  ['aab', 'bbc', 'ccc', 'AAB', 'BBC', 'CCC']
```

　また，シーケンスを使い，「文字と数字，_」を「\w」と表記することができます。文字だけではなく，数字と「_」を含むため，Out 結果でみるように数字も 3 文字ずつ区切って抽出されていることが確認できます。これらの記号をメタ文字やシーケンスといいます。詳しくは表 IV-1 と表 IV-2 のとおりです。

```
In  sample1 = 'aabbbccccAABBBCCCC123456789012'
    pattern3 = re.compile(r'\w{3}', re.IGNORECASE)
    pattern3.findall(sample1)
```

```
Out  ['aab', 'bbc', 'ccc', 'AAB', 'BBC', 'CCC', '123', '456', '789', '012']
```

表 IV-1　主なメタ文字

メタ文字	意　味
.	改行以外の任意の 1 文字
^	文字列の先頭
$	文字列の末尾
*	直前のパターンを 0 回以上繰り返す
+	直前のパターンを 1 回以上繰り返す
?	直前のパターンを 0 回また re は 1 回繰り返す
{m}	直前のパターンを m 回繰り返す
{m,n}	直前のパターンを m 回以上から n 回まで繰り返す
[ ]	[ ] 内の文字列の集合のいずれか 1 文字にマッチする
|	or　例：A|B　→　A または B いずれかのパターンにマッチする

表 IV-2　主なシーケンス

特殊シーケンス	意　味	その他
\d	10 進数	
\D	\d 以外	
\s	空白数字	基本は Unicode で，ASCII フラグの設定に
\S	\s 以外	より ASCII に限定できる
\w	文字と数字，_	
\W	\w 以外	

（3）url の抽出

　正規表現は文字列をまとめて取り扱う際に利用するとても便利な機能で，数字や文字列の抽出によく使われますが，url 用にコンパイルされた長い url の中から最上位の url を抽出する際にも使われます。2 行目のような url から最上位の url のみを抽出する際，正規表現は pattern4 のようになります。

?は，直前のパターンを0または1回繰り返す意味なので，https? により https または http を抽出します。

```
In    import re
    ① url = 'https://www.amazon.co.jp/dp/4046057548'

    ② pattern4 = 'https?://[^/]+/'
    ③ res = re.match(pattern4, url)
    ④ res.group()
```

```
Out   'https://www.amazon.co.jp/'
```

次に，［^/］を解説します。［ ］の中に ^ が使用された場合は，行の先頭を表す意味ではなく，［ ］の中の文字以外を意味します。したがって，［^/］+ は，/（スラッシュ）以外の文字が1回以上繰り返す意味になります。パターン文の最後の / により，文字が繰り返された後，/ が出現するまでを意味します。

③は，このパターンを pattern4 に代入した正規表現です。

④は，②の pattern4 を①の url に適用して抽出したものを res 変数に代入したものです。③の結果を1文字ずつ並べた結果は 'https://www.amazon.co.jp/' のようになります。

正規表現は数字や文字列の抽出にとても便利な機能ですが，理解するまでに時間がかかります。必要な時，教材でメタ文字やシーケンスの意味を確認しながら使いましょう。本書でも出現するたび，簡単に解説を加えるようにします。

第 2 部

実務データの収集

　第2部ではインターネット上から膨大な情報を収集するための手法，Webスクレイピングの実践方法について，代表的なサイトからのデータ収集を事例に取りあげ解説します。情報を収集する手法の学習を目的に，理論的な説明よりもデータの習得方法に重点を置いて，分かりやすく解説しながら進めていきます。このため，本書ではコードの完成度より，分かりやすさを重視して，コードを書いた経験がない読者でも分かるように詳しく図説していきます。

　具体的には，Webスクレイピングに必要なスキルの難易度および実用性を考慮し，①離島経済新聞社が提供する全国の有人離島に関する情報，②世界最大ネットショッピングサイトAmazonを事例とした商品レビュー，③世界最大の観光情報提供サイトTripadvisorを事例とした観光地に対する口コミ，④国内大手オンラインショッピングサイト楽天が提供する楽天トラベルに掲載されている宿泊施設情報，⑤NTTタウンページが提供するiTownpageに掲載されている情報を取りあげ，必要なライブラリなどの追加から必要メソッドの使い方などを，サイトが提供する情報収集を実際に体験しながら習得できるように図説していきます。確実に実践応用できるように1行ごとのコードの実行結果を取りあげながら分かりやすく解説していきます。

　本書で取りあげるWebスクレイピングに関するスキルに，読者のアイディアを加えることで，インターネット上に公開されているさまざまな情報を効率よく収集することができるようになるでしょう。

　しかし，Webスクレイピングは便利であるが故に，他人への配慮も欠かせません。インターネットはひとりの利益のためのものではなく，多くの人々が使っていることを忘れてはいけません。つまり，自分の利益のためのデータ収集が，結果としてWebサーバーに重い負担をかけたり，違法性があるデータの収集になってしまったりする場合もあります。本書は読者のみなさんにとってのWebスクレイピングに関するスキルアップをサポートするものであり，データ収集を勧めるものではありません。

　本書を手にする読者に，自分ひとりの利益のため，Webサーバーに負担をかけたり，違法性のあるデータ収集を行ったりする心無い人がいないことを心から願いながら，第2部を進めていきます。

　最後に，本書はすべての例示サイトのスクレイピングを保証するものではありません。タグ構造の変更などによりコードの実行エラーが生じる場合があります。学習を通して身につけたスキルを活かし，読者自身がコードの修正，改善を行い，問題を解決してみてください。本書はWebスクレイピングに必要なスキルアップを目指す指南書であることをご承知おきください。

V　離島経済新聞社の日本の有人離島情報

　本章では，離島経済新聞に掲載されている日本の有人離島情報からのデータ収集を取りあげます。Web サイトの構造がシンプルでとても分かりやすく，初学者の html 文の構造の理解やデータ収集のスキル向上のための学習に適していると思われます。

　本書で取りあげる事例の順番はスクレイピングに必要なスキルの難易度を考慮したものです。掲載順に読み進めることをお勧めしますが，特定のスキルの詳細について知りたい場合は適宜必要部分に進めてください。

> 　なお，本章を含み，本書で取りあげるすべてのサイト画像は該当サイトから引用したものです。また，閲覧時期によりイメージが変わっている場合があります。また，本書で紹介するサイトは，スクレイピングにかかわるスキルの習得のために用いているものであり，該当サイトのスクレイピングの保証やスクレイピングを助長するものではありません。あくまでも学習のために用いていることを予めご承知おきください。

本章で習得できるスキルは次の2点です。

1点目：サイトから必要なデータ（url リスト）を収集し，

2点目：その url から必要な情報を収集し，csv 形式で保存することです。

　具体的には，離島経済新聞社が提供する日本の有人離島一覧に掲載されている島の名称とurl についての情報を収集するスキルを詳しく解説します。

　Google などの検索エンジンで離島経済新聞と検索し，有人離島一覧をクリックすると有人離島一覧が表示されます。このサイトには，図 V-1 でみるように北海道から沖縄県までの全国すべての有人離島が掲載されています。島の名称（図 V-1-①）をクリックすると図 V-1-②のように，島の基礎情報が確認できます。具体的に島の地図や，立地・自然環境・歴史・特産品等の情報，人口，子育て環境，医療・介護環境についての情報などが確認できます。

　本章のゴールは，有人離島の名称と詳細な情報を収集し，csv ファイルに保存することです。作業のイメージは次のとおりです。初めに一覧に掲載されている島の url をすべて収集してリスト形式[1] でメモリ上に一時的に保管し，次に，リスト形式の島の url すべてを順に入れ替えながら，繰り返し必要なデータを収集します。最後に，収集したデータを csv 形式のファイルとして保存する手順で進めていきます。

---

　1) リスト形式は図 III-1 に図示したとおりですが，' ' で囲んだデータ（value）の集合体を，［ ］（角カッコ）で囲む形式です。必要なら III 2 を参照してください。

図 V-1　有人離島一覧サイト

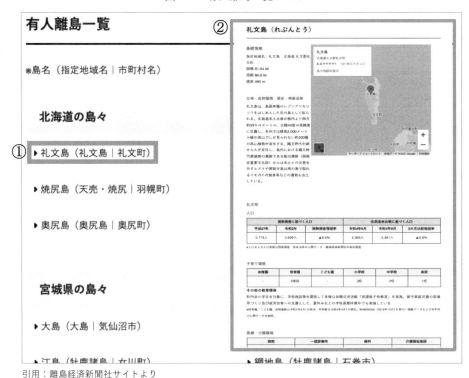

引用：離島経済新聞社サイトより

1　html 文の確認

　本章では，Web ブラウザとして Chrome を使って解説を進めていきます。初めに，Chrome でデータを収集するサイト（https://ritokei.com/shima）にアクセスし表示します。次に，必要な情報を収集するため，html 文の構造を解析します。解析は，わたしたちが普段みている Web サイトの画面ではなく，その画面を表示するために作成した html 文をもとに行います。

　離島経済新聞の有人離島サイトを開いた状態で，図 V-2 に示したとおり，① Chrome の設定→②その他のツール→③デベロッパーツールの順にクリックしていくと，現在の閲覧サイトの html 文が Chrome の右端に図 V-3 でみるように表示されます[2]。または，キーボードの F12 キーをクリックすることで，上記と同じ html 文が表示されます。

　html 文の表示位置はデフォルトで右側ですが，表示位置を変えることもできます。変更方法は，html 文の右上の［Dev Tool のカスタマイズと管理］アイコンをクリックし，表示されるメ

---

2) キーボードに独立した F12 キーは，フルキーボードを使っている場合に確認できます。しかし，ノートパソコンのようにキーボードの配列がフルキーボードと異なる場合，F12 キーは他のキーと組み合わせて操作できるようになっています。多くの場合，Fn キーとの組み合わせ（Fn キーと F12 キーを同時にクリックするなど）になりますが，図 V-3 のように表示されない場合はお使いのパソコンの取扱説明書などを参照してください。

図 V-2　html 文の表示方法

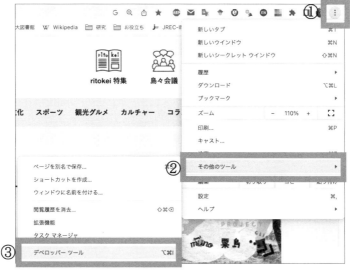

引用：離島経済新聞社サイトより

図 V-3　html 文の表示

引用：離島経済新聞社サイトより

ニューの固定サイドから選択して行います。必要なら表示位置を変えてください。本書ではデフォルト表示のまま進めていきます。

　図 V-3 の右側の html 文の上でマウスカーソルを動かすと，マウスが指している html 文に該当する左側の Web ページ上の場所が反転されます。このようにマウスカーソルを動かすと，それに合わせて html 文の上で反転箇所が変わることが分かります。この方法で特定箇所の html 文（tag，タグという）を確認することができますが，一般的に，html 文は長文のため，階層化され折りたたまれています。このため，html 文の中から探したいタグの場所を特定することは簡単ではありません。逆に，Web 画面をクリックし，その箇所の html 文を表示させる方法が簡単で分かりやすく，直感的で使いやすいと思います。本書では後者の方法で html 文を解析していきます。

　html 文の確認方法は，初めに図 V-3-①の［ページ内の要素を選択して検索］をクリックし，html 文を表示させてから，次に左側の画面上でマウスを動かすと右側に該当する html 文の場所に移動して表示されます。ここでは図 V-3-②のように礼文島をクリックします。クリックす

図 V-4　html 文の解析

```
▼<div class="main">
  ▼<div class="main-section">
    <h1 class="main-section__find">有人離島一覧</h1>
    ▼<div class="land-list">
      <p>※島名(指定地域名｜市町村名)</p>
      <p class="land-find">北海道の島々</p>
      ▼<ul>
①     ▼<li>
...       ▼<a href="https://ritokei.com/shima/hokkaidou_rebunto"> == $0
            ::before
            "礼文島(礼文島｜礼文町)"
          </a>
        </li>
②     ▶<li>...</li>
③     ▼<li>
          ▶<a href="https://ritokei.com/shima/hokkaidou_yagishirito">...</a>
        </li>
④     ▶<li>...</li>
⑤     ▶<li>...</li>
⑥     ▶<li>...</li>
      </ul>
```

ると，図 V-4-①でみるように html 文の中の礼文島に該当するタグが反転表示されます。

　さらに，前後の文をよくみてみると，図 V-4-①〜⑥は <li>…</li> で同じ形式であることが分かります。<li>…</li> の個数は左側の Web サイト画面の北海道の有人離島の数と一致しています。このことから，島の情報は <li>…</li> の中に入っていることが分かります。

　図 V-4-①には，url（https://ritokei.com/shima/hokkaidou_rebunto）と名称などの情報（礼文島（礼文島｜礼文町））が入っていることが確認できます。図 V-4-②〜⑥をクリックし展開してみると，図 V-4-①と同じ構造になっており，別の島についての url と名称などの情報が入っていることが分かります。

2　html 文とタグ

　html 文はさまざまな種類のタグを集めて作成したもので，これらを有機的に組み合わせることで複雑な構造の html 文ができあがります。

　タグの書き方，いわゆるタグの書式は，「< タグ名 >…</ タグ名 >」のような形式になります[3]。図 V-4-①の例では，a タグが使われており，<a> と </a> の間に島の名称と url が入っていることが分かります。一般的に html 文を作成する際，作成しやすさと分かりやすさを確保するため，html 文は同類のデータには同類のタグを使う原則をもとに構造化されています。本章

---

3) タグ文は1行に収まる場合もあれば，タグの中にさらにタグがたくさん入っている構造化されたタグ文もあります。このような複雑な構造の場合には，複数の行に分けて書くのが一般的です。タグの始まりと終わりの間は複数行になってもとくに問題ありません。

で取りあげる Web サイトも例外ではありません。このため，図 V-4-①〜⑥まで6つの a タグのデータを収集できれば，北海道の6つの有人離島の名称と url というデータが収集できることになります。このように，Web スクレイピングでは，html 文の中のタグの構造を解析して必要なデータが含まれているタグを特定し，中のデータを収集する一連のながれの作業を繰り返し行います。

では，次にタグの構造について少し説明します。

例えば，図 V-4-①〜⑥をみると，li タグとなっており，さらにその中に a タグが入っていることで分かるように，html 文はたくさんのタグで階層化された構造です。タグの階層は図 V-4 でみるように字下げで表現されています[4]。

li タグ（①〜⑥）は字下げの幅が同じであることが分かります。さらに，①と③の下には a タグがありますが，li タグよりさらに字下げされていることが分かります。このように，字下げにより上下関係を示しています（階層化されています）。

図 V-4 の例では，a タグが含まれている li タグを収集すると，li タグの下位である a タグの島の名称と url も含めて収集されます。このように，Web スクレイピングを行う際，どのタグを収集した方が効率的かを考える必要があります。

したがって，html 文の構造をしっかり学習してから Web スクレイピングを行うことが理想といえますが，まずは手を動かして実際にコードを書いてみる方が直感的で分かりやすいと思います。本書では，後者の方法をとり，構造の説明はここまでにし，次の情報収集のステップに進むことにします。

3　タグ内情報の収集

最初に，Jupyter を立ち上げてファイル名を変更します。そのままファイルが増え続くと，Untitle，Untitle1，Untitle2 のようにファイル名がついてしまいます。必要ならファイル名をクリックし修正します。変更は即反映されます（図 V-5）。次に，スクレイピングに使われるライブラリの中でもっともポピュラーな requests と BeautifulSoup の2つのライブラリを用いる Web スクレイピング方法について解説していきます。

Python は，本体とは別にさまざまな機能をもつライブラリを使うことができます。使うためには，初回だけインストールが必要です。その後は必要な時，その都度ライブラリをインポートするだけで使えます。他にも便利なライブラリがたくさんあります。

4）字下げは Python の書き方（文法）として最も重要なことで，行の最初の部分を揃えて階層区分をします。このため，左側から最初の文字を書き始めるところまでの空白は必ず Tab キーで一定の空白にする必要があります（Tab 空けという）。この空白が，例えば半角の1文字分異なっても，エラーとなり認識できません。

図 V-5　ファイル名の変更

（1）ライブラリのインストール

インストールのためのコードは①でみるとおりですが，コマンド文の最初に！を忘れず入力します[5]。インストールすると，進行状況が画面に表示されます。本書の例では，すでにインストールされているため，Requirement already satisfied: …と表示されています。

（2）必要ライブラリのインポート

次に，Web サイトに必要な html 文を取得するため，必要な request と html 文の解析に必要な BeautifulSoup をインポートします。インポートする方法は2通りあります。

1つ目は import に続きライブラリ名を書く方法です。

2つ目は，ライブラリの中にさらに複数のライブラリが入っている場合で，「from ライブラリ名 import 子ライブラリ名」の順に書きます。「import 子ライブラリ名」だけでも使えますが，子ライブラリを使うたび，子ライブラリがどの（上位）ライブラリの中にあるのかを書く必要があります。例えば，from bs4 import BeautifulSoup の代わりに import BeautifulSoup だけでも BeautifulSoup は使えますが，使う時は BeautifulSoup が入っている上位ライブラリも併せて書く必要があります。上位ライブラリを併せて書かないとエラーになってしまいますので，毎回 bs4.BeautifulSoup のように書く必要があります。このような不便を減らすため，上位ライブラ

---

5) この作業を Python コマンドラインで行う場合，！ を入力する必要はありません。

リも合わせた from bs4 import BeautifulSoup と書いてインポートする方法が一般的です。本書でもこの方法を用いて解説を進めていきます。

　これで Web スクレイピングに欠かせない requests と BeautifulSoup，2つのライブラリがインポートされました。

```
In    import requests
      from bs4 import BeautifulSoup
```

（3）スクレイピングする url を変数に代入

　次に，スクレイピングするサイトの url を，url という変数に代入します。代入演算子「=」については Ⅲ3（1）で取りあげました。「=」は，わたしたちが普段使っている左側と右側が同じであるという意味ではなく，右側の値を左側（の変数）に代入するという意味です。この演算子を使うことで，右側の長い url を書いて指定する代わりに左側の変数を書くだけで済みます。ここでは，左側の url と書くだけで，右側の値が url という変数（左側）に代入されているので，右側の長い url を書くのと同じことになります。

```
In    url = 'https://ritokei.com/shima/'
```

（4）url 内の情報をサーバーに request

　url の情報を受け取るために，Web サーバー（以下，サーバー）に requests で情報をリクエストし，サーバーから返されるデータを変数に代入しておきます。変数名は好きな名称をつけられますが，変数名の最初の文字はアルファベットなどで書く必要があります。数字を変数名の最初につけるとエラーになりますので，注意してください。

　リクエスト方式として get 方式と post 方式がよく使われています。前者は一般的な Web サイトで使われている方式ですが，インターネット上を行き来するデータは中身が丸見えの状態です。このため，人にみられても困らないデータの送受信によく使われます。これに対して後者は，id や password など人にみられると困るデータや大量のデータを送る場合などに使われる方式です。この post 方式は，送受信するデータの中身を簡単にみることができない方式ですが，絶対に安全な方式とはいえません。Web スクレイピングの対象になっているサイトの多くは前者の get 方式を使っています。①本節の例でも get 方式を取り入れ，requests.get(url) を用いてサーバーにリクエストし，返されたリターン値を res に代入します。

　このリクエストに対してサーバーから正常に結果が返されればいいですが，エラーになったり，リクエストが拒否されたり，何らかの不具合が生じて正常のスクレイピングを続けられない場合があります。②リクエストに対するリターンが正常なのか，サーバーからのリターン値を確認するため，サーバーの状態の確認ができるメソッド，status_code も書き加えて実行します[6]。結果のリターン値は200と表示されました。

　このように，リクエストに対してサーバーからリターンされるサーバーの状態を表す値は数

字です。正常と異常を区分するための大まかな見方は次のとおりです。リターン値の200台の数字は正常な状態を意味します。サーバーからリクエストが拒否されたり，何らかの理由で返し値が得られなかったりしてエラーが生じた場合，リターン値は400台の数字になります[7]。

　今回のリクエストの例ではリターン値が200と表示されましたので，サーバーから正常なリターンがあり，スクレイピングを正常に進められることが分かりました。

```
In ①res = requests.get(url)
   ②res.status_code
Out 200
```

（5）html 文の解析

　次は，BeautifulSoup を使って，リターンされた html 文を解析していきます。

　html 文を解析するため，BeautifulSoup と書き，第1引数としてサーバーからのリターン値を代入した res を res.text とテキスト形式に指定します。さらに，第2引数として html.parser[8] で解析（パース）するよう指定[9]し，soup に代入しておきます。次に soup と入力して実行します。この実行で次のように長い html 文が表示されます[10]。表示された html 文の内容はよく分かりませんが，枠の中でみるように有人離島一覧と表示されていることからサーバーからデータが取得できているようです。

　サーバーから受け取ったリクエストに対するリターン値を html.parser で解析し，soup 変数に代入しました。次は，soup 変数の中身からタグ構造を解析して必要なデータを収集します。

```
In soup = BeautifulSoup(res.text, 'html.parser')
   soup
Out <!DOCTYPE html>

<html lang="ja">
<head>
<meta charset="utf-8"/>
<meta content="IE=edge" http-equiv="X-UA-Compatible"/>
<meta content="width=device-width, user-scalable=no, initial-scale=1, maximum-scale=1" name="viewport"/>
<title>有人離島一覧 | ritokei(離島経済新聞)</title>
<meta content="離島経済新聞社は、418島の有人離島(北海道・本州・四国・九州・沖縄本土を除く有人島)にスポットをあてる離島情報専門のウェブサイト『ritokei(離島経済新聞)』とタブロイド紙『季刊リトケイ』を運営・発行する島メディアです。" name="description"/>
<meta content="ritokei,離島経済新聞,離島" name="keywords"/>
<meta content="離島経済新聞社" name="author"/>
```

6）サーバーが正常に動くことが分かっており，サーバーの状態の確認が不要なら，②のコードを書く必要はありません。

7）403(forbidden)，405(not_allowed)，406(not_acceptable) のような数字が表示された場合には，サーバーからアクセスが拒否されていることを意味します。また，404(not_founded) は url が間違っている場合に返ってくるリターン値です。この場合，再度リクエストした url を確認する必要があります。

（6）html 文のタグ情報からデータ収集

1）タグの構造とタグ属性

次に，現在の Web ページの html 文を表示するため，図 V-3-①を参考に F12 キーをクリック します[11]。礼文島に該当する html 文のタグを確認するため，図 V-3-②を参考に礼文島の文字 をクリックします。これで右側の html 文の該当箇所に移動し，反転表示されます。

反転表示された箇所の前後のタグは図 V-6 のとおりです。理論的なことはさておき，本書で は図 V-6 を例に，実践的に情報収集に必要なタグ構造の解析方法を解説します。

まず，タグの種類と構造について簡単に説明します。図 V-6 をみると，<div>…</div> のよ うな，いわゆる div タグがいくつかあります。

div は Division の略で html 文を大きなカテゴリーに区分し，その中に別のタグなどを格納し たり，さらに別の div タグを追加したりして構造化するために使われます。一般的な html 文で も複数の div タグが使われています。このため，div タグを特定するための方法が必要です。div タグの数が分かれば，何番目のものかを指定できますが，div タグの数を把握してから何番目 のものかを指定することは現実的ではありません。この問題を解決するため，一般的にタグに は名前に値する class や id のような属性を加えて使います。

例えば，タグを指定する際，sp-search という class 属性をもつ div タグのようにコードを書 いて指定します。具体的には，図 V-6-①，②でみるように，<div> class = "sp-search" </div> や <div> class = "land-list" </div> などがあります。class = " 〇〇 " や id = " △△ " のように属 性[12] を指定することで，指定された属性をもつ div タグだけ選択できるようになります。

指定されたタグは，中に入っているもの，いわゆる下位タグまですべてを含みます。前節で 説明したタグの上下関係は字下げの状態で確認できます。例えば，図 V-6-②の <div> class = "land-list" </div> を指定すると，下位部のすべてのタグ，<p>…</p> や <ul>…</ul>，<li>… </li> のすべてが含まれることになります。ここでは div タグを例に説明しましたが，その他の すべてのタグにおいて指定する方法は同じです。このようにタグの指定には属性の指定を加え ることができることを覚えておきましょう。

8）html 文の解析には BeautifulSoup に含まれている html.parser を利用するか，lxml ライブラリをインポートして 利用します。前者には内装ライブラリで簡単に使えるメリットが，後者には実行速度が速いメリットがあります。 一般的な場合，その実行速度の差は初学者にとって実感できるものではありません。本書では前者を用いて解説 を進めていきますが，後者を使っても，はじめての場合のインストールと使う前のインポートの 2 つの作業が必要 になる以外，使い方はほとんど変わりません。

9）Jupyter にはコードを書く際，便利な機能があります。コードの一部を書いて Tab キーを押すと，書いてある綴 りで始まるコマンドが例示されます。コマンドの綴りを一部覚えているだけでもコードを書くことができるとても 便利な機能です。

10）ここでは html 文が長すぎるため，最初の一部分のみ表示していますが，Jupyter 上では表示画面をスクロー ルすることで html 文の全文を閲覧することができます。

11）F12 キーのクリックの他にも，現在の Web ページの html 文を表示する方法について，Ⅴ 1 および図 V-2 で 説明しました。必要なら参照してください。

12）タグの主な属性を取りあげましたが，その他にも属性はさまざまな種類があります。理由は，タグの属性 は，html 文の作成者が自由につけることができるからです。属性名を覚える必要はありません。

図 V-6　タグ構造の解析

```
▶<div class="sp-search">…</div>           ①
▶<div class="share-btn-side">…</div>
▼<div class="contents clearfix">
  ▼<div class="main">
    ▼<div class="main-section">
      <h1 class="main-section__find">有人離島一覧</h1>   ②
    ▼<div class="land-list">
        <p>※島名(指定地域名 | 市町村名)</p>
        <p class="land-find">北海道の島々</p>
      ▼<ul>
        ▼<li>
···        ▶<a href="https://ritokei.com/shima/hokkaidou_reb
             unto">…</a> == $0
          </li>
        ▶<li>…</li>      ③
        ▶<li>…</li>          ▼<li>
        ▶<li>…</li>            ▼<a href="https://ritokei.com/shima/hokkaidou_reb
        ▶<li>…</li>              unto"> == $0
        ▶<li>…</li>                ::before
        ▶<li>…</li>                "礼文島(礼文島 | 礼文町)"
        </ul>                    </a>
                               </li>
```

2）1つのタグから情報収集

Jupyter Notebook に soup.div と入力し実行すると，次のように soup の中の最初の div タグが表示されますが，この指定方法では属性による呼び出しができません。html 文はたくさんのタグで作成されています。このため，実際に Web スクレイピングでは，タグ属性を指定し特定タグの確認と収集を行います。

タグの属性も一緒に指定するため，find と find_all を使うのが一般的です[13]。find は指定属性をもつ最初のタグのみを，find_all は指定属性をもつすべてのタグを返します。使い方は，第1引数にタグ名，第2引数に属性を指定します。

```
In   soup.div

Out  <div class="header-wrap">
     <header class="g-header">
     <div class="g-header__wrapper">
     <!-- sitename -->
     <div class="g-header__sitename">
     <h1 class="g-header__logo"><a href="https://ritokei.com"><img src="https://ritokei.c
     om/wp/wp-content/themes/ritokei-2021/assets/img/logo.png"/></a></h1>
     <p class="g-header__sitemeta">つくろう、島の未来</p>
```

図 V-6-②の <div>class="land-list"</div> を指定することを例に解説します。

タグ名や属性種別，属性名は ' ' または " " で囲む必要があります。また，属性の指定は，

13）その他にもたくさんのコマンドがありますが，すべてを覚えることはできません。

{'属性種別':'属性名'} のように書く，いわゆる辞書（ディクショナリ）形式で書きます[14]。次のように入力し実行すると land-list という class 属性をもつ div タグだけが表示されます。また，その下位タグである p タグ，ul タグ，さらに ul タグの下位の li タグも表示されていることが確認できます。

```
In   soup.find('div',{'class':'land-list'})

Out  <div class="land-list">
     <p>※島名（指定地域名｜市町村名）</p>
     <p class="land-find">北海道の島々</p>
     <ul>
     <li><a href="https://ritokei.com/shima/hokkaidou_rebunto">礼文島（礼文島｜礼文町）</
     a></li>
     <li><a href="https://ritokei.com/shima/hokkaidou_rishirito">利尻島（利尻島｜利尻町・利
     尻富士町）</a></li>
     <li><a href="https://ritokei.com/shima/hokkaidou_yagishirito">焼尻島（天売・焼尻｜羽幌
     町）</a></li>
     <li><a href="https://ritokei.com/shima/hokkaidou_teurito">天売島（天売・焼尻｜羽幌町）
     </a></li>
     <li><a href="https://ritokei.com/shima/hokkaidou_okushirito">奥尻島（奥尻島｜奥尻町）
     </a></li>
     <li><a href="https://ritokei.com/shima/hokkaidou_kojima">小島（小島｜厚岸町）</a></l
     i>
     </ul>
```

本節で収集する島の名称と url は，li タグの中に入っているので，div タグの中の li タグを指定する必要があります。上記のコマンドに .li を加えるだけです。実行すると次のように最初の礼文島の情報だけが表示されます。

```
In   soup.find('div',{"class":"land-list"}).li

Out  <li><a href="https://ritokei.com/shima/hokkaidou_rebunto">礼文島（礼文島｜礼文町）
     </a></li>
```

li タグは，<li><a>…</a></li> となっており，下位に a タグが入っていることと li タグ自体は属性をもっていないことが分かります。そこで，さらに .a を加えたコードを書き加えて実行すると a タグの情報のみ表示されます。

```
In   soup.find('div',{"class":"land-list"}).li.a

Out  <a href="https://ritokei.com/shima/hokkaidou_rebunto">礼文島（礼文島｜礼文町）</a>
```

収集した a タグは href 属性をもっており，属性として url が入っていることが分かります。また，<a> と </a> の間には「礼文島…」と文字情報が確認できます。

文字情報（テキスト）を収集するためには，text と指定すれば取得できます。次のように .text を書き加えて実行すると，テキスト情報だけが取得されます。

```
In   soup.find('div',{"class":"land-list"}).li.a.text

Out  '礼文島（礼文島｜礼文町）'
```

14）辞書（ディクショナリ）形式については，III 2 (2) で詳しく解説しました。必要なら参照してください。

今度は a タグがもつ href 属性を取得します。属性の取得は，取得したい属性をもつタグ名に続き，［］の中に属性名を指定します。.a［'href'］と書き加えて実行すると，url 情報だけが表示されます。

```
In   soup.find('div',{"class":"land-list"}).li.a['href']
Out  'https://ritokei.com/shima/hokkaidou_rebunto'
```

ここまでは，1つのタグからテキストと url の情報を取得する方法を解説しました。

3）複数タグから情報取得（url リストの作成）

前節までは1つのタグ情報を取得する方法を取りあげましたが，実際には複数の下位タグが存在する場合が多くあります。前節の方法では複数のタグがあっても，1つ目のタグ情報だけが取得されますので，注意が必要です。タグ内の最初の情報だけ取得するなら，複雑なコードを書かなくてもコピー＆ペーストで十分用は済みます。しかし実際には，Web サイトに取得したいタグがいくつ掲載されているのかも分からないまま，すべてのタグ内の情報を取得しなければなりません。

このため，まずはすべてタグ情報が取得できるように html 文を解析する必要があります。必要なコードは，soup.find('div',{ 'class': 'land-list'}).find_all('li') と，前節で使った find の代わりに find_all を使うだけです。

実行結果は次でみるとおりで，land-list という class 属性をもつ div タグに含まれているすべての li タグが取得されていることが確認できます。

```
In   soup.find('div',{"class":"land-list"}).find_all('li')
Out  [<li><a href="https://ritokei.com/shima/hokkaidou_rebunto">礼文島（礼文島｜礼文町）</a></li>,
      <li><a href="https://ritokei.com/shima/hokkaidou_rishirito">利尻島（利尻島｜利尻町・利尻富士町）</a></li>,
      <li><a href="https://ritokei.com/shima/hokkaidou_yagishirito">焼尻島（天売・焼尻｜羽幌町）</a></li>,
      <li><a href="https://ritokei.com/shima/hokkaidou_teurito">天売島（天売・焼尻｜羽幌町）</a></li>,
      <li><a href="https://ritokei.com/shima/hokkaidou_okushirito">奥尻島（奥尻島｜奥尻町）</a></li>,
      <li><a href="https://ritokei.com/shima/hokkaidou_kojima">小島（小島｜厚岸町）</a></li>,

      <li><a href="https://ritokei.com/shima/okinawa_iriomotejima">西表島（八重山圏域｜竹富町）</a></li>,
      <li><a href="https://ritokei.com/shima/okinawa_yubushima">由布島（八重山圏域｜竹富町）</a></li>,
      <li><a href="https://ritokei.com/shima/okinawa_hatomajima">鳩間島（八重山圏域｜竹富町）</a></li>,
      <li><a href="https://ritokei.com/shima/okinawa_haterumajima">波照間島（八重山圏域｜竹富町）</a></li>,
      <li><a href="https://ritokei.com/shima/okinawa_sotopanarijima">外離島（八重山圏域｜竹富町）</a></li>,
      <li><a href="https://ritokei.com/shima/okinawa_yonagunijima">与那国島（八重山圏域｜与那国町）</a></li>]
```

本書の例では，li タグの数は420です。データの個数を数える方法は，len( ) 関数[15] の引数として li タグの取得に用いたコードを len(soup.find('div',{ 'class': 'land-list'}).find_all('li')) のように入れて実行すると，データの個数がリターン値として表示されます。

```
In   len(soup.find('div',{'class':'land-list'}).find_all('li'))
Out  420
```

15）このようなある結果をリターンしてくれるものをメソッドまたは関数といいます。基本的に本書ではメソッドと表記しますが，より分かりやすい説明のため，関数と表記する場合もあります。

図 V-7　タグ指定コードの書き方

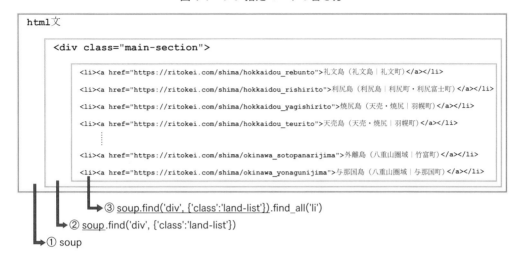

```
html文

    <div class="main-section">

        <li><a href="https://ritokei.com/shima/hokkaidou_rebunto">礼文島（礼文島｜礼文町）</a></li>

        <li><a href="https://ritokei.com/shima/hokkaidou_rishirito">利尻島（利尻島｜利尻町・利尻富士町）</a></li>

        <li><a href="https://ritokei.com/shima/hokkaidou_yagishirito">焼尻島（天売・焼尻｜羽幌町）</a></li>

        <li><a href="https://ritokei.com/shima/hokkaidou_teurito">天売島（天売・焼尻｜羽幌町）</a></li>
                    :

        <li><a href="https://ritokei.com/shima/okinawa_sotopanarijima">外離島（八重山圏域｜竹富町）</a></li>

        <li><a href="https://ritokei.com/shima/okinawa_yonagunijima">与那国島（八重山圏域｜与那国町）</a></li>
```

③ soup.find('div', {'class':'land-list'}).find_all('li')

② soup.find('div', {'class':'land-list'})

① soup

　さて，ここまで実際にコマンドを書き，html 文のタグを解析し必要な情報を取得しました。先に進む前にコマンドの書き方の基本ルールや見方を整理しておきましょう。

　図 V-7 でみるように，上位タグ（①）の soup では Web ページ全体が取得できます。次に②では，下位タグに入っている具体的な情報を取得するため，下位の div タグに絞っています。この際，上位タグの取得に使ったコードの後に，「. 」に続けて書く必要があります。また，使うコードに引数の指定が必要なら，（　）の中に指定します。このように，さらに下位タグに絞るなら，そこまでのタグ情報の取得に使ったコードのあとに「. 」とコード を書き加えます。②では soup の下位にある div タグの内，land-list を class 属性にもつタグを指定しています。③では②のあと，「. 」に続けてコードを書き加えています。このように，タグの指定は，上位タグと下位タグを，「. 」で区切って続き書きすることがルールです。しかし，タグの指定が下位のタグになっていくほど，コードが長くなりますので，コードを変数に指定し，変数で代用するのが一般的な使い方です。例えば，図 V-7-③のコードは，次のように②までの上位コードをrito_div に代入しておき，長いコード文の代わりとして rito_div 変数を使うことができます。したがって図 V-7-③のコードは次のように書くことができます。2 行になりますが，コード文全体を分かりやすくするため，このような書き方が多く使われています。コード全体の把握がしやすくなるため，長くなるコードは，変数に代入後，それを新たな変数として指定し，コードの代わりに使うことをお勧めします。

```
In    rito_div = soup.find('div',{'class':'land-list'})
      rito_div.find_all('li')
```

soup.find('div',{'class': 'land-list'}).find_all('li') で取得した420個の有人離島 url を次のようにlist という変数に格納しておきます。

```
In    list = soup.find('div',{'class':'main-section'}).find_all('li')
```

　その後，list の中の url を1つずつ呼び出して，入っている情報を取得する作業を繰り返します。前章で解説した繰り返し文（III 5（2）および（3））についての基礎知識が必要になります。必要なら参照してください。

　次のコードの①は繰り返しのために for 文を用いて list の中のものを1つずつ取り出して url という変数に入れて順に作業していくコードです。②では，url の下位の a タグの href 属性を指定しています。コードを実行すると，list の中の420個の url から順に a タグの href 属性が指定されるようになります。

```
In ① for url in list:
   ② url.a['href']
```

　さて，上のコード（for 文）だけでは指定するのみです。このため，指定した href 属性，つまり url を，新しく変数をつくってその中に貯めておく必要があります。

　次の①では，取得するデータを貯めておくため，新しく変数 rito_urls をつくりました。つくったばかりの rito_urls 変数は空っぽで中には何も入っていません。②では，420個の url が入っている list 変数の中から url を1つずつ取り出し，url という変数に指定します。さらに，その中の a タグの href 属性を rito という変数として指定しています。その後，rito を，append メソッドを使って①でつくった rito_urls 変数に追加しています。書き方は，これから抽出するデータを追加保存していく rito_urls に続き，追加メソッド append を書き，引数として url が入っている rito 変数を指定しています。

　Web スクレイピングでは，このように for 文など繰り返し作業で取得するデータを繰り返し文の外側に貯めておくための変数をつくり，その中にデータを繰り返し追加していきます。最後に③では貯めたデータの確認のために rito_urls を画面表示します。コードを実行するとリターン値として，list の a タグの href 属性の url が rito_urls に貯まっていることを確認できます。ここでは6件だけ表示されていますが，スクロールすると最下部には沖縄県の離島 url が確認でき，離島 url の数は420個であることが分かります。ここまでで，第1段階として日本の離島420箇所のそれぞれの url 情報を取得し，rito_urls 変数に貯めておくことができました。

　for 文の使い方はシンプルですが，Web スクレイピングには欠かせないとても重要なコードですので，覚えておきましょう。

```
In ① rito_urls=[]
   ② for url in list:
       rito = url.a['href']
       rito_urls.append(rito)
   ③ rito_urls

Out ['https://ritokei.com/shima/hokkaidou_rebunto',
     'https://ritokei.com/shima/hokkaidou_rishirito',
     'https://ritokei.com/shima/hokkaidou_yagishirito',
     'https://ritokei.com/shima/hokkaidou_teurito',
     'https://ritokei.com/shima/hokkaidou_okushirito',
     'https://ritokei.com/shima/hokkaidou_kojima',
```

図 V-8　内包表記の書き方

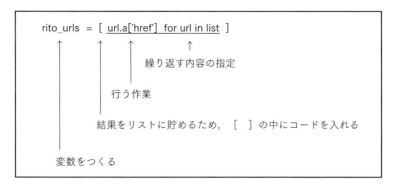

　繰り返し作業を行いその結果をリストとして返す for 文はとても便利ですが，数行に分けて書く必要があります。上記の例では①と②までの4行が for 文に必要な行です。このように<u>数行にわたる for 文のコードに「内包表記」を使うと，1行にまとめることができる</u>ため，よく使われています。とくに，内包表記は for 文を複数回使う必要がある場合，コードの構造を分かりやすくするため，使われたりします。このため，内包表記についての知識は，自分は使わなくても，他人が作成したコードを理解するために必要になったりします。

　内包表記は，図 V-8 でみるようによほど複雑なコードでなければ1行で書けます。リターン値を入れる変数（rito_urls）をつくって（rito_urls =），リスト形式のデータが返ってくるので［　］の中にコードを書きます。行う作業（url.a['href']）を書き，続けて繰り返す内容（for url in list）を指定します[16]。図 V-8 を参考に内包表記を試してください。

　内包表記には，コードが短くなるメリット以外にも<u>処理速度が上がるメリット</u>があります。取り扱うデータが少なく処理速度の変化を体感できないかもしれませんが，大量のデータを取り扱うビッグデータの処理において処理速度の短縮は大きなメリットといえます。

4）島ごとの情報の収集（分割・データ列の操作）

　日本の有人離島の url，420個をリストとして収集できましたので，ここからはそれぞれの url に掲載されている島についての情報を取得していきます。

　まず，取得するデータを格納する空白の変数をつくります（island_infos=[　]）。次に，取得し rito_urls 変数に格納してある url を1つずつ rito_url として呼び出す for 文の1行目を書きます（for rito_url in rito_urls:）。あとは，以前の for 文と同じで html 文の中から取得したい箇所のタグを解析していくだけです。

　このために必要な最初のコードは html 文全体を，requests メソッドを使い呼び込んで BeautifulSoup メソッドを使い解析し，soup 変数に格納します。

16）内包表記の形式は「i for i in list」といわれます。url（繰り返すもの）を順に取り出して i（2番目）と指定し，i（1番目）に何らかの加工を加えます。ここでは何もしないので取り出したままです。内包表記の書式は「i for i in list」と覚えておきましょう。

次のコード文（最初の変数の指定から soup までの４行）は Web スクレイピングを行う際，繰り返し作業のため，必ず必要なコードです。覚えておきましょう。

```
In   island_infos=[]

     for rito_url in rito_urls:
        res=requests.get(rito_url)
        soup = BeautifulSoup(res.text, 'html.parser')
```

全体のコード文の解析（読み込み）が終わったら，必要な箇所のタグを解析し情報を取得します。この際，分割してその中の一部だけを取り出したり，不要な文字などを切り落としたり，文字を数字に変換したり，必要に応じてデータの形式を整える作業を行います。

```
In   island_infos=[]

     for rito_url in rito_urls[:3]:
        res=requests.get(rito_url)
        soup = BeautifulSoup(res.text, 'html.parser')

        isinfo = soup.find('div', {'class' : 'page__wrapper'})
        print(isinfo)
```

```
Out  <div class="page__wrapper">
     <h1 class="page__ttl">礼文島（れぶんとう）</h1>
     <div class="page__body">
```

図 V-3 を参考に取得したいデータが含まれているタグを探します。この際，全体が含まれるように，取得したいタグまたはそれの上位タグを選択するのがコツです。ここでは，class 属性が page__wrapper である div タグを探して isinfo 変数として指定しました。最後に，指定した結果の確認のため，print メソッドを使って画面に表示させます。リターン値はその結果（一部のみ表示）ですが，この中の h1 タグ（反転表示）に島の名称とふりがなが入っていることが確認できます。

では，島の名称の情報を収集するため，必要なコードを書いていきます。

次のコードの②のように，行の最初に#（半角のハッシュタグ）をつけることで，実行されないコメント行になります。本書のようにコードの注釈文を書く時などに利用できます。③では，島の名称を収集するため，最初の h1 タグを指定した上で，テキストデータのみを収集するコードを書きました。実行するとリターン値のとおり島嶼名（ふりがな）がリターンされることが分かります。

なお，①に［:3］とありますが，リスト形式のデータの指定に使われる形式です。

［始まり：終わり］の形式ですが，始まりが空白の場合は最初からを意味します。ここでは最初から３つ目までのデータの意味になります。Python では数字を１ではなく０から始めるため，３つ目は 0,1,2 になります。３は含まれないことに注意が必要です。

本書の例では，rito_urls［:3］と書き，rito_urls 420 個の中から，0,1,2 番目の３つの url を繰り返す指定になっています。

> for rito_url in rito_urls　　←　　rito_urls すべて（420個）の中から1つずつ取り出す
>
> for rito_url in rito_urls[:3]　　←　　rito_urls の3番目までの中から1つずつ取り出す

　このように，リスト形式の場合，一部のみを指定する際に角カッコを使い指定することができます。Web スクレイピングでは出番が多い一部抽出のための方法ですので，覚えておきましょう。

```
In   island_infos=[]

①  for rito_url in rito_urls[:3]:
        res=requests.get(rito_url)
        soup = BeautifulSoup(res.text, 'html.parser')
        isinfo = soup.find('div', {'class' : 'page__wrapper'})

②      # 島の名称
③      isname = isinfo.find('h1').text
        print(isname)
```

```
Out  礼文島（れぶんとう）
     利尻島（りしりとう）
     焼尻島（やぎしりとう）
```

　さて，リターン値をみると，礼文島（れぶんとう）とありますが，「礼文島」と「れぶんとう」に分けて島の名称とふりがなに区分した方がいいと思うので分けて取得します。上記の③でテキストを取得しましたが，「(」を基準にテキストを分割することで「礼文島」と「れぶんとう）」になります。分割して1番目のものをとると島の名称になり，2番目のものをとるとふりがなになりますが，最後の「)」は不要なので削除します。

　テキスト文を分割するメソッドは split です。split（' 分割に使う文字や記号など '）のように書きます。④のようなコードになりますが，［0］は split メソッドによりテキスト文が複数に分割されたため，その中の1番目（Python は0から始まるため，0になる）のもの，ここでは漢字の名称を指定しています。さらに，ふりがなは⑤のようなコードになります。④とほとんど変わりませんが，［1］と分割テキストの中の2番目（0から始まるため，1になる）のもの，ここではふりがなを指定しています。最後の［:-1］は，最初から最後の1つ前まで（-1）を意味しますので，ふりがなの文字列の後ろから1文字前までの意味になります[17]。［:-1］がなければ，最後の文字である右カッコ（)）がついたままになります。これで島の名称は isname に，ふりがなは isfurigana に格納されるようになります。コードを実行すると，次のように isname と isfurigana の変数の中にそれぞれ「礼文島」と「れぶんとう」が格納されていることが確認できます。

17）リストの中からデータを指定する際，後ろ側から数えることもできます。例えば，最後の1文字，2文字などのような指定ができます。「後ろから」と指定する際には「-」（マイナス）をつけて指定します。Web スクレイピングのコードでよくみられる指定方法です。覚えておきましょう。例えば，最後の1つだけを指定したい場合は［-1:］と書き，後ろから1つ前（2番目）から最後までを指定します。

```
In   island_infos=[]
     for rito_url in rito_urls[:3]:
         res=requests.get(rito_url)
         soup = BeautifulSoup(res.text, 'html.parser')
         isinfo = soup.find('div', {'class' : 'page__wrapper'})
         isinfo

         # 島の名称
    ④   isname = isinfo.find('h1').text.split('(')[0]
    ⑤   isfurigana = isinfo.find('h1').text.split('(')[1][:-1]
         print(isname, isfurigana)
```

```
Out  礼文島 れぶんとう
     利尻島 りしりとう
     焼尻島 やぎしりとう
```

　次は，島の基礎情報と人口データを取得します。基礎情報は通常の html 文ですが，人口デー
タはテーブル形式になっています。テーブル形式はこのような表だけではなく，文章にみえる
ものにも使われていることがよくあります。ここでは，html 文とテーブル形式の両方からの
データ取得に必要なスキルを解説します。

　礼文島のサイトのタグを調べて，島の基礎情報は class 属性が page__wrapper である div タグ
に入っていることが分かりましたので，さらに下位タグの構造を調べていきます。島の基礎情
報は，次の①でみるように class 属性が islands_data である div タグの中に入っていることが分
かりましたが，②の div タグも①と同じ属性をもっていることが分かります。このように同じ
属性をもつ複数のタグの中から指定する場合は，find_all メソッドを使いすべてを読み込んで，
サイトに掲載されている順番で指定（0番から指定）します。

```
▼<div class="page__wrapper">
    <h1 class="page__ttl">礼文島(れぶんとう)</h1>
    ▼<div class="page__body">
      ▼<div class="wp-block-columns"> flex
        ▼<div class="wp-block-column" style="flex-basis:33.33%">
    ①    ▼<div class="islands_data"> == $0
              <h3>基礎情報</h3>
            ▶<p>…</p>
              <h4>立地・自然環境・歴史・特産品等</h4>
            ▶<p>…</p>
           </div>
         </div>
        ▶<div class="wp-block-column" style="flex-basis:66.66%">…</div>
      </div>
    ②▶<div class="islands_data">…</div>
```

　本章の例では，基礎情報は，①の div タグに入っているので［0］番目の div タグから取得で
きます。また，人口データは，②の div タグに入っているので，［1］番目の div（順番は兄弟関
係とも表現します），属性などについてしっかり確認を行う必要があります。この作業を丁寧に
行わず進めていくと，データが取得できないなどの不具合が生ずることにつながりますので注
意してください。

次は，これまでの説明を参考にコードを書いていきます。

次の③でみるように，isinfo の中にある class 属性が islands_data の div タグの［0］番目のものを isbasic 変数に代入します。次に，isbasic の中には p タグが2つあるので，ここでも find_all メソッドを使う必要があります。とくに p タグは属性をもっていないので順番で呼び出すしかありませんが，最初の p タグ，つまり［0］番目の p タグを展開してみると，中に次の図の右上のような基礎情報が入っていることが分かります。p タグの中のテキスト（文字列）を取得するため，text を追加し実行すると，取得されたものの行の左側が空白になっていたり，
 タグで改行されていたりしていることが分かります。このような改行や空白などの不要なタグ（ホワイトスペースといいます）を削除するため，strip（）メソッドをつけます（④）。コードを実行すると，Out でみるように空白行がなくなっていることが分かります。

取得したデータをみると，行ごとに別のデータになっています。行で分割するため，分割メソッドの引数として改行タグを入れます。改行タグは \n（＼＋n）[18] と書きます。書き加えて実行すると次の Out でみるように表示されます。1件ごとに［ ］の中に ' ', で区切られ格納されていることが確認できますが，Tab 記号（\t）が表示されていますが，そのままにしておきます。コードを実行した結果のリターン値はリスト形式であるため，このような記号など（ホワイトスペース）を削除できません。次の手順で削除することにします。

```
In    island_infos=[]

      for rito_url in rito_urls[:3]:
          res=requests.get(rito_url)
          soup = BeautifulSoup(res.text, 'html.parser')
          isinfo = soup.find('div', {'class' : 'page__wrapper'})

          # 島の基本情報
      ③  isbasic = isinfo.find_all('div', {'class' : 'islands_data'})[0]
      ④  isdata = isbasic.find_all('p')[0].text.strip().split('\n')
          print(isdata)
```

基礎情報
指定地域名：礼文島｜北海道 礼文郡礼文町
面積 81.64 ㎢
周囲 66.6 km
標高 490 m

人口	
	国勢調査に基づく人口
平成27年	令和2年
2,773人	2,509人

```
Out   ['指定地域名：礼文島｜北海道 礼文郡礼文町', '\t\t\t\t面積 81.64 ㎢', '\t\t\t\t周囲 66.6
      km', '\t\t\t\t標高 490 m']
      ['指定地域名：利尻島｜北海道 利尻郡利尻町、利尻郡利尻富士町', '\t\t\t\t面積 182.12 ㎢',
      '\t\t\t\t周囲 64 km', '\t\t\t\t標高 1721 m']
      ['指定地域名：天売・焼尻｜北海道 苫前郡羽幌町', '\t\t\t\t面積 5.19 ㎢', '\t\t\t\t周囲 1
      0.6 km', '\t\t\t\t標高 94 m']
```

次は人口の中のデータを取得します。前の③では isinfo 変数の中の1番目［0］の div タグを isbasic 変数に代入してテキストの加工を行いましたが，次の①では2番目［1］の div タグを ispop 変数に代入しその中の複数のテーブルデータを取得します。コードは次のとおりですが，ispop 変数の最後には［1］とつけ2番目の div タグを ispop の変数に代入しました。次の②では，ispop 変数から table タグをすべて探し，1番目［0］のものだけを poptbl 変数に格納して

18）逆スラッシュの記号は，日本語と英語で異なる表示となります。英語の場合には \n と表示されますが，日本語の場合には逆スラッシュ（＼）が￥に変わってしまいます。目視では別物に変わっていますが，パソコンは同じ記号として認識します。あわてずそのまま実行します。

います。

　とくに，p タグやテーブルタグには<u>属性をもたない場合</u>が多くあります。このため，タグ間の上下関係やタグ名などで区別できませんので，<u>掲載されている順番を指定して特定します</u>。

```
In    #人口
      ① ispop = isinfo.find_all('div', {'class' : 'islands_data'})[1]
      ② poptbl = ispop.find_all('table')[0]
```

　次は，人口データを取得します。上記で poptbl に格納した人口テーブルから順に呼び出し該当年度の人口に割り当てていきます。具体的に，find_all メソッドを使って poptbl からすべての td タグを探します。その中で 0 番目の td タグからテキストデータを取得し人口 2015 変数に割り当てます。人口 2020，人口 2020 Jun と人口 2020 Sep と，0 からの掲載順番を当て，最後にtext メソッドをつけ実行するとリターン値は次のような結果になります。これで基礎情報と人口データの取得ができました。最後に取得したデータをまとめて格納するため，辞書形式のデータにまとめる方法を解説します。データの形式については III 2 で詳しく解説してありますので，必要なら参照してください。

```
In    人口2015 = poptbl.find_all('td')[0].text
      人口2020 = poptbl.find_all('td')[1].text
      人口2022Jun = poptbl.find_all('td')[3].text
      人口2022Sep = poptbl.find_all('td')[4].text

      print(人口2015,人口2020,人口2022Jun,人口2022Sep)
```

```
Out   2,773人 2,509人 2,356人 2,341人
      5,090人 4,462人 4,204人 4,189人
      201人 171人 175人 174人
```

　辞書形式とは，辞書のようにキーワード（key）とそれに対応する説明（value）でできているデータのことを指し，{'key' : value} のように書きます。実際にコードを書きながら解説していきます。

　格納する変数を island_info とし，形式は辞書型に指定します。辞書型なので｛'key' : value, 'key' : value, …｝のようにコードを書きます。例えば，島の名称とふりがななら｛' 島の名称 ' : isname, ' ふりがな ' : isfurigana｝になりますが，その他に面積，周囲，標高，概要，人口…のように続きますので，「, 」（コンマ）で区切り羅列します。区別しやすくするため，一般的には改行を加えます。このように｛　｝で囲まれている key と value が 1 種類のデータです。

　本書の例では 420 島の url からデータを収集し，island_info に辞書型として格納します。420島の island_info 内のデータを格納するための変数，island_infos を新たにつくって，for 文を使い収集したデータを辞書型にまとめ，island_infos に追加メソッド append を用いて貯めていきます[19]。

19）for 文を使い収集したデータを貯めるための変数は，for 文の中は実行するたび空っぽになるため，for 文の外側につくる必要があります。

```
In
island_info = {
    '指定地域名' : isname,
    'ふりがな' : isfurigana,
    '市町村名' :isdata[0].split(' | ')[1],
    '面積' : isdata[1].strip().replace('面積',''),
    '周囲' : isdata[2].strip().replace('周囲',''),
    '標高' : isdata[3].strip().replace('標高',''),
    '概要' : isbasic.find_all('p')[1].text.strip(),
    '人口2015' : poptbl.find_all('td')[0].text,
    '人口2020' : poptbl.find_all('td')[1].text,
    '人口2022Jun' : poptbl.find_all('td')[3].text,
    '人口2022Sep' : poptbl.find_all('td')[4].text,
}
island_infos.append(island_info)
```

```
Out
[{'指定地域名': '利尻島', 'ふりがな': 'りしりとう', '市町村名': '北海道 礼文郡礼文町', '面積': ' 8
1.64 ㎢', '周囲': ' 66.6 km', '標高': ' 490 m', '概要': '礼文島は、島固有種のレブンアツモリソウ
をはじめとした花の島として知られる。北海道本土北端の稚内より西方約59キロメートル、北緯45
度の高緯度に位置し、本州では標高2,000メートル級の高山でしか見られない約300種の高山植
物が自生する。縄文時代中期から人が定住し、島内における縄文時代最盛期の遺跡である船泊遺
跡(国指定重要文化財)からは本土との交易を示すヒスイや房総半島以南の海で取れるイモガイの
装身具などの遺物も出土している。', '人口2015': '2,773人', '人口2020': '2,509人', '人口20
22Jun': '2,356人', '人口2022Sep': '2,341人'}, {'指定地域名': '利尻島', 'ふりがな': 'りしりと
う', '市町村名': '北海道 利尻郡利尻町、利尻郡利尻富士町', '面積': ' 182.12 ㎢', '周囲': ' 64
km', '標高': ' 1721 m', '概要': '利尻島は、利尻昆布やウニ、ホッケなど海産物の産地として知ら
れ、温泉や大自然にあふれた「日本最北端の地」として観光客にも人気。島の大部分が「利尻礼文
サロベツ国立公園」に指定され、島の中心にそびえる利尻山(標高1,721メートル)は「利尻富士」と
も呼ばれ、日本最北端の名山として『日本百名山』に最初に登場する。旧沓形中学校校舎を活用し
2020年に開設したコワーキングスペース「ツギノバ」を拠点に、移住支援の取組が進められてい
る。', '人口2015': '5,090人', '人口2020': '4,462人', '人口2022Jun': '4,204人', '人口20
22Sep': '4,189人'}]
```

　上記のコードを実行し island_infos に格納されたデータを画面に表示すると Out のようになります。枠で囲まれている部分が取得された1つの島についてのデータです。

　ここでは2件だけ取得してみましたが，サイト全部のデータを取得すると420個になります。取得したデータは，辞書型のままでは分かりにくいので，csv 形式に変換して保存します。

　これまで日本の有人離島に関するデータをスクレイピングする方法について解説してきましたが，収集した大量のデータをしっかり保存することもとても重要です。このため，本書では pandas ライブラリを使います。pandas は，Python で各種データを加工，分析するために欠かせないライブラリの中の1つです。最後の段階として，pandas を用いてデータを保存する方法を解説します。

　インポートは import pandas でもできますが，①では import pandas as pd としてインポートしています。as pd を書き加えることで，インポート後 pandas と書く代わりに pd だけを書いても使えるようになります。②をみると pd.DataFrame とありますが，as pd がない import pandas でインポートした場合には，pandas.DataFrame と書く必要があります。どちらの書き方でも機能上の問題はありませんが，多くの利用者が使っている書き方を用いた方が，利便性が高いでしょう。本書でも import pandas as pd を用いてインポートします。次に，pd.DataFrame メソッドを使って island_infos を引数に指定して df 変数に指定し，最後に③で df 変数に to_csv メソッドを用いて，引数として有人離島一覧 .csv とファイル名を指定して保存し

ます。次のようにコードを実行すると，該当フォルダに csv ファイルが作成されていることが
確認できます。

```
In ① import pandas as pd

   ② df = pd.DataFrame(island_infos)
   ③ df.to_csv('有人離島一覧.csv')
```

　しかし，このコードを実行すると図 V-9-a のように文字化けが生じる場合があります。サイ
トが日本語の場合にはほぼ確実に文字化けが生じますが，これは文字コード（エンコーディン
グ）の違いによるものです。使うたびに文字コードを変えることで文字化けは解消されますが，
収集したデータを保存する際，文字コードを指定しても解決できます。文字コードを指定する
方法は，encoding='utf-8-sig' と書き，文字コードの引数として to_csv メソッドに追加するだけ
です。図 V-9-b のように文字化けが解消されていることが分かります。

```
In  df.to_csv('有人離島一覧.csv', index = False, encoding='utf-8-sig')
```

　また，図 V-9-a の A 列には 0 から通し番号がついていますが，これを Python では index とい
います。不要と指定しない場合，識別のための index がつきますので，不要なら，index=False
と引数を追加します。これで図 V-9-b のように index 列がないファイルとして保存されます。
　有人離島のデータは 420 件あり，作成したコードを実行するとパソコンが 420 回繰り返しな
がら島のデータを取得して csv ファイルとして保存しますが，時間がかかります。コードの実
行中は進行状況（フリーズしているのか作業中なのか）の確認ができず不安になります。そこ
で進行状況をプログレスバーと件数の数字で表示するライブラリを組み込んでおきます。まず
ライブラリをインポートする必要がありますので，次の①のようにインポートします。あとは
②のように for 文に入れるリスト形式のデータの集合のコードを tqdm（）メソッドで囲むだけ

図 V-9　保存した csv ファイル

a	A	B	C	D	E	F	G	H
1		謖鴫ョ壺愠綸	縺才繧甑' 縺	螻ら伴譚大釦髫「逑		蜻ィ蝗イ	譲咎ォ	髄リヲ
2	0	遉シ譁鴫ウカ	繧後ヵ繧薙→	蛹玲オキ騙 遉シ	81.64 繚「	66.6 繚	490 m	遉シ譁鴫ウカ縺
3	1	蜆ゥ蟆サ蟲カ	繧甑@繧甑−	蛹玲オキ騙 蜆ゥ	182.12 繚「	64 繚	1721 m	蜆ゥ蟆サ蟲カ縺
4	2	辟シ蟆サ蟲カ	繧°C縺励j繿	蛹玲オキ騙 闃ｼ	5.19 繚「	10.6 繚	94 m	辟シ蟆サ蟲カ縺

b	A	B	C	D	E	F	G	H
1	指定地域名	ふりがな	市町村名	面積	周囲	標高	概要	人口2015
2	礼文島	れぶんとう	北海道 礼文	81.64 ㎢	66.6 km	490 m	礼文島は、島	2,773人
3	利尻島	りしりとう	北海道 利尻	182.12 ㎢	64 km	1721 m	利尻島は、利	5,090人
4	焼尻島	やぎしりとう	北海道 苫前	5.19 ㎢	10.6 km	94 m	焼尻島は島の	201人

です。とても便利なうえ，使い方もデータの集合を引数として指定するだけです[20]。実行すると，図 V-10 のように進行状況の確認ができるようになります。

```
In ①from tqdm import tqdm
   ②for rito_url in tqdm(rito_urls):
```

図 V-10　tqdm のプログレスバー

　最後に，本章で作成したコードをまとめたものは図 V-11 のとおりです。このコードは初学者にとって分かりやすいですが，よいコードとはいえません。一般的には，作業ごとにモジュール化（関数化）し，処理結果を返してもらうようにします。つまり，個人が専用の関数をつくり，必要に応じてつくった関数を何度でも呼び出して使う形式です。概ね図 V-11 の角カッコのように作業単位で区切り関数化を行い，何をやっているのか分かりやすく束ねていくことになります。図 V-11 を部分ごとに関数を用いて束ねたものを図 V-12 につけておきましたので，比較してみてください。

　関数化については次章以降，関数化したコードの作成を取りあげ，解説します。

図 V-11　有人離島データ取得の学習用コード集

```
import requests
from bs4 import BeautifulSoup
import pandas as pd
from tqdm import tqdm

url = 'https://ritokei.com/shima/'
res = requests.get(url)
res.status_code
soup = BeautifulSoup(res.text, 'html.parser')
list = soup.find('div',{'class':'main-section'}).find_all('li')

rito_urls=[]
island_infos=[]

for url in list:
    rito = url.a['href']
    rito_urls.append(rito)
```

20）この際，for 文の中に print メソッドが入っていると毎回の繰り返し処理中に進行状況（プログレスバー）が表示されますので，削除しておきます。

```
for rito_url in tqdm(rito_urls[:10]):
    res=requests.get(rito_url)
    soup = BeautifulSoup(res.text, 'html.parser')
    isinfo = soup.find('div', {'class' : 'page__wrapper'})

# 島の名称
    isname = isinfo.find('h1').text.split('（')[0]
    isfurigana = isinfo.find('h1').text.split('（')[1][:-1]

# 島の基本情報
    isbasic = isinfo.find_all('div', {'class' : 'islands_data'})[0]
    isdata = isbasic.find_all('p')[0].text.strip().split('\n')

# 人口
    ispop = isinfo.find_all('div', {'class' : 'islands_data'})[1]
    poptbl = ispop.find_all('table',{'class':'data'})[0]

    island_info = {
        '指定地域名' : isname,
        'ふりがな' : isfurigana,
        '市町村名' :isdata[0].split('｜')[1],
        '面積' : isdata[1].strip().replace('面積',''),
        '周囲' : isdata[2].strip().replace('周囲',''),
        '標高' : isdata[3].strip().replace('標高',''),
        '概要' : isbasic.find_all('p')[1].text.strip(),
        '人口2015' : poptbl.find_all('td')[0].text,
        '人口2020' : poptbl.find_all('td')[1].text,
        '人口2022Jun' : poptbl.find_all('td')[3].text,
        '人口2022Sep' : poptbl.find_all('td')[4].text,
    }
    island_infos.append(island_info)

# データ保存
df = pd.DataFrame(island_infos)
df.to_csv('有人離島一覧.csv', index = False, encoding='utf-8-sig')
```

図 V-12　図 V-11 コードの関数化の学習用コード集

```
import requests
from bs4 import BeautifulSoup
import pandas as pd
from tqdm import tqdm

# 有人離島リストから島 url を収集
def geturls(url):
    rito_urls=[]
    res = requests.get(url)
    res.status_code
    soup = BeautifulSoup(res.text, 'html.parser')
    list = soup.find('div',{'class':'main-section'}).find_all('li')
    for url in list:
        rito = url.a['href']
        rito_urls.append(rito)
    return rito_urls
```

```python
# すべての島 url から各種情報を取得
def parse(rito_urls):
    island_infos=[]
    for rito_url in tqdm(rito_urls):
        res=requests.get(rito_url)
        soup = BeautifulSoup(res.text, 'html.parser')
        isinfo = soup.find('div', {'class' : 'page__wrapper'})

    # 島の名称
        isname = isinfo.find('h1').text.split(' （')[0]
        isfurigana = isinfo.find('h1').text.split(' （')[1][:-1]

    # 島の基本情報
        isbasic = isinfo.find_all('div', {'class' : 'islands_data'})[0]
        isdata = isbasic.find_all('p')[0].text.strip().split('\n')

    # 人口
        ispop = isinfo.find_all('div', {'class' : 'islands_data'})[1]
        poptbl = ispop.find_all('table',{'class':'data'})[0]
        island_info = {
            ' 指定地域名 ' : isname,
            ' ふりがな ' : isfurigana,
            ' 市町村名 ' :isdata[0].split(' ｜ ')[1],
            ' 面積 ' : isdata[1].strip().replace(' 面積 ',''),
            ' 周囲 ' : isdata[2].strip().replace(' 周囲 ',''),
            ' 標高 ' : isdata[3].strip().replace(' 標高 ',''),
            ' 概要 ' : isbasic.find_all('p')[1].text.strip(),
            ' 人口2015' : poptbl.find_all('td')[0].text,
            ' 人口2020' : poptbl.find_all('td')[1].text,
            ' 人口2022Jun' : poptbl.find_all('td')[3].text,
            ' 人口2022Sep' : poptbl.find_all('td')[4].text,
        }
        island_infos.append(island_info)
    return island_infos

# データをデータフレームに変換し csv 形式で保存
def save(island_infos):
    df = pd.DataFrame(island_infos)
    df.to_csv(' 有人離島一覧 .csv', index = False, encoding='utf-8-sig')

if __name__== '__main__':
    url = 'https://ritokei.com/shima/'
    rito_urls = geturls(url)
    island_infos = parse(rito_urls)
    save(island_infos)
```

VI Amazon 商品検索情報の収集

前章では Web サイトに掲載されているすべての情報を収集することを取りあげましたが，本章では Web サイトから必要な情報だけを収集することを取りあげます。

これまでの学習から，Web スクレイピングとは，① html 文全体を取得し，→② タグ構造を解析して，→③ 情報を取得するスキルであることが分かりました。

Web スクレイピングを大きく分けると，第 1 段階では，複数ページから情報を収集するため，各ページの url を集めてリストをつくります。第 2 段階では，各ページから必要な情報を収集するため，タグを解析しデータ収集に必要なコードを書きます。最後の段階では，収集したデータを必要な形式に変換して保存します。csv 形式として保存するのが一般的ですが，Excel 形式などにも保存できます。

とくに第 2 段階では必要な情報だけを収集するため，データを分割・結合・抽出したり，文字列を変換・削除したり，必要なさまざまな操作を繰り返し行います。この作業は，それぞれの Web サイトに合わせて行う必要があり，オーダーメイドのコード作成ともいえます。ここでは，前章で学習した Web スクレイピングに必要な基本的なスキルに加え，文字列の加工や while 文による繰り返し操作を解説します。

1 url の取得

Amazon のトップページから「tv50 インチ」とキーワードを入力して検索し，ヒットしたものをすべて収集することを例に解説していきます。

まず，Amazon トップページから上部の検索ウィンドウに，検索するキーワード，「tv50 インチ」を入力して検索を行います。検索の結果[1] が表示されたら，上部の url 欄に表示された url[2] をコピーして作成するコード文に貼り付けます。

貼り付けた url は次の全体 url と短縮 url でみるように，記号で表示され意味が分かりません。日本語のような 2 バイト文字は url に持ち込むため，Ascii コードにエンコード（変換）されるからです。そのままコピーして貼り付けても使えます。

---

[1] 本書執筆時の検索結果は 485 件でしたが，検索件数は検索を行う時期によって異なります。
[2] 商品の url を url 欄でみると，検索時入力した日本語なども確認できますが，とても長く，url ウィンドウ内に収まっていません。確実にすべてを選択してコピーしてください。ここでコピーした url が 1 文字でも足りないと，商品のサイトが正しく表示されない場合がありますので注意してコピーします。

　長い全体 url には検索にかかわるさまざまな情報が含まれていますが，https://www.amazon.co.jp/s?k= ＋ 検索キーワードだけの短縮 url を用いても支障はありません。ここでは，短くて内容が分かりやすい短縮 url を用いることにします。

全体 url：

　https://www.amazon.co.jp/s?k=tv+50%E3%82%A4%E3%83%B3%E3%83%81&__
　mk_ja_JP=%E3%82%AB%E3%82%BF%E3%82%AB%E3%83%8A&crid=3OAA1T42
　GY5SW&sprefix=tv+50%E3%82%A4%E3%83%B3%E3%83%81%2Caps%2C194&re
　f=nb_sb_noss_2

短縮 url：

　https://www.amazon.co.jp/s?k=tv 50インチ（Chrome の url 欄での表示）

　　　↓

　https://www.amazon.co.jp/s?k=tv+50%E3%82%A4%E3%83%B3%E3%83%81（コード文での表示）

　最初に，次のように必要なライブラリをインポートします。url を Ascii コードにエンコードする[3]ため，次の①のように urllib ライブラリもインポートします。

```
In   # 必要なライブラリのインポート
     import requests
     from bs4 import BeautifulSoup
①    import urllib
     import pandas as pd
```

　検索キーワード，「tv50インチ」を search 変数に入力した上で，Ascii コードにエンコードするため，次の①のように urllib.parse.quote( ) メソッドに引数（カッコ内に書く）として渡し，それを keyword という変数に代入します。次に，②のようにエンコードされた keyword（変数）を url に組み込みます。書き方は url = f '… {keyword} …' の形式（f 文）です。f '…' の中の｛　｝（置替フィールド）に変数を指定します。

　ここでは keyword を f 文の置替フィールドに代入しますが，置替フィールドにリスト型の変数[4]を指定し，リスト内のデータを順に変数に代入する繰り返し作業にもよく使われます。

```
In   # url 変換(エンコード)
     search = 'tv 50インチ'
①    keyword = urllib.parse.quote(search)
②    url = f'https://www.amazon.co.jp/s?k={keyword}'
```

---

[3] 日本語のままでコードを書くこともできますが，サイトによっては文字コードが異なるためエラーになる場合があります。このため，日本語などの2バイト文字を含む url は Ascii コードにエンコードして使うことをお勧めします。

[4] 変数を複数指定したい場合，［' 変数1',' 変数2',… ］のように角カッコの中に書く，いわゆるリスト型で指定しなければなりません。

キーワードがエンコードされた url を実行し，結果を確認してみると次のように，日本語の部分が Ascii コードに変換されていることが分かります[5]。

```
In   url

Out  'https://www.amazon.co.jp/s?k=tv%2050%E3%82%A4%E3%83%B3%E3%83%81'
```

2　商品情報の収集

キーワードによる商品検索を行い，url エンコードを加えた url を作成しました。次は，商品情報を収集するため，タグ解析を行います。タグ解析について詳しい説明が必要なら，V3を参照してください。

（1）html 文の解析

次のコードはhtml文全体の解析に欠かせない基本コードです。すでにV3で詳しく解説しましたので，詳しい説明は割愛しますが，BeautifulSoup メソッドによる html 文の解析（次の3行のコード文）は Web スクレイピングに必要なお呪いと思い，最初に書いておきましょう。

```
In   # html文の全体解析
     res = requests.get(url)
     res.raise_for_status
     soup = BeautifulSoup(res.text, 'html.parser')
```

本章では，前節の html 文全体の解析から一歩進んで，url を request した res 変数を soup に代入するところまでのプロセスをモジュール化する（Python では関数化，または function 化するといいます）ことを解説します[6]。

関数の形式は，

```
def 関数名（引数）:
    ⋮
        return リターン値
```

のようになります。

ここでは，次の①でみるように関数名に getsoup を，引数には url を渡しています。処理するコードは関数化前のコードそのものですが，最後に処理したものを変数に入れ，その変数をリターン値として指定します。ここでは②のように soup と指定しています。

5）日本語による検索を行う url が入るコードには，url をエンコードしたコードを加えることをお勧めします。ただし，英文 url の場合，もともと Ascii コードでできているため，その必要はありません。

6）関数については，V3(6)4）で簡単に紹介しています。コード文において関数の位置づけや構造など，概念の理解に役立つと思います。必要なら参照してください。実践的なつくり方（関数化）や使い方などについては順に取りあげ解説します。

```
In    # html文の全体解析
  ① def getsoup(url):
        res = requests.get(url)
        res.raise_for_status
        soup = BeautifulSoup(res.text, 'html.parser')
  ② return soup
```

これで，getsoup 関数に url を渡して実行すると，url の html 文を解析し soup という変数に入れてリターンするようになります。このモジュールを使うためには関数名（引数）で指定するだけで，いつでも[7] 使うことができますのでとても便利です。

前のページの関数化していないコード文も，関数化したコード文も，実行結果に差はありません。作成した関数 getsoup の引数 url を指定して実行すると，次のようにリターン値が表示されます（リターン値が長文のため，一部のみ表示しています）。

```
In    getsoup(url)
```

```
Out   <!DOCTYPE html>
      <html class="a-no-js" data-19ax5a9jf="dingo" lang="ja-jp"><!-- sp:feature:he
      ad-start -->
      <head><script>var aPageStart = (new Date()).getTime();</script><meta char
      set="utf-8"/>
```

（2）product 情報の収集

検索結果（html 文）を解析するため，F12 キーをクリックし，タグを解析していきます。html 文を解析したところ，図 VI-1 の枠内のタグでみるように検索結果は data-component-type 属性

図 VI-1　検索結果 html 文からタグの抽出

```
▶<div data-asin="B0B41L7HNF" data-index="2" data-uuid="0549ef26-c997-40be-b30
  4-5ba88b3bba75" data-component-type="s-search-result" class="sg-col-4-of-24
  sg-col-4-of-12 s-result-item s-asin sg-col-4-of-16 AdHolder sg-col s-widget-
  spacing-small sg-col-4-of-20" data-component-id="17" data-cel-widget="search
  _result_2">…</div> == $0
▶<div data-asin="B0BF42655S" data-index="3" data-uuid="40cb5029-5029-4933-9ce
  b-934a9e587481" data-component-type="s-search-result" class="sg-col-4-of-24
  sg-col-4-of-12 s-result-item s-asin sg-col-4-of-16 AdHolder sg-col s-widget-
  spacing-small sg-col-4-of-20" data-component-id="19" data-cel-widget="search
  _result_3">…</div>
▶<div data-asin="B08TW5K065" data-index="4" data-uuid="6e8a3299-dcdb-42f4-9ea
  5-a6abedec0b44" data-component-type="s-search-result" class="sg-col-4-of-24
  sg-col-4-of-12 s-result-item s-asin sg-col-4-of-16 AdHolder sg-col s-widget-
  spacing-small sg-col-4-of-20" data-component-id="21" data-cel-widget="search
  _result_4">…</div>
▶<div data-asin="B0BB86CVCZ" data-index="5" data-uuid="20e4bff1-df85-470f-9ef
  f-4c0791081253" data-component-type="s-search-result" class="sg-col-4-of-24
```

7）実際には global 関数ではなく local 関数であるため，いつでもとはいえませんが，関数の種類などについて説明していませんので，とりあえず本章の範囲内ではいつでも使えることと覚えてください。

が "s-search-result" である div タグの中に商品情報が入っていることが確認できました[8]。

1）商品名の取得

　次は，該当する div タグを取得し，さらに詳しくタグを指定して必要な情報を収集します。検索結果の html 文を解析したものを代入した soup 変数から，図 VI-1 で確認した div タグを，find_all メソッドを使って検索し，次の①のように products = soup.find_all('div', {'data-component-type':'s-search-result'}) と products に代入します。検索結果，ページ内のすべての商品についての情報（ここでは48件）が入っている products からそれぞれの商品についての詳細な情報を1件ずつ順に取得していきます。このため，for 文による繰り返し取得作業を行います。②では，最初の2件で必要な情報の取得結果を確認するため，for 文の最後に ［:2］ と指定し，0番と1番の2件を対象にしています[9]。検索された商品名の収集は，③でみるように products の中から順に取り出したものを product とし，product の下位タグ h2 をテキスト形式で取り出し，name 変数に代入しておきます[10]。最後に④では print(name) と，name 変数に収集されたタイトルを画面表示して確認します[11]。リターン値は「レグザ50V…とハイセンス50V…」のようになっており，きちんと情報が収集されていることが確認できました。

```
In ① products = soup.find_all('div', {'data-component-type':'s-search-result'})
   ② for product in products[:2]:
        # 商品名の取得
   ③ name = product.h2.text
   ④ print(name)
```

```
Out レグザ 50V型 4K 液晶テレビ 50C350X 4Kチューナー内蔵 外付けHDD 裏番組録画 ネット動画対応 (2020年モデル)
    ハイセンス 50V型 4Kチューナー内蔵 液晶 テレビ 50E6G ネット動画対応 VAパネル 3年保証 2021年モデル
```

2）評価情報の収集

　ここでは，商品についての評価点（3.9，4.2，…）を収集します。このため，前節でも用いた商品情報を貯めてある products 変数をもとに評価点情報を取得します。

　まず，次の① for 文では1件だけで取得可否の確認を行うため，products［:1］と語尾に ［:1］[12] をつけます。

---

8)Web ページの html 文を解析する方法については，V 1で詳しく解説しました。必要なら参照してください。また，ここでは4つのタグが確認できますが，実際の html 文をスクロールすると検索結果表示の Web ページにあるすべての div タグが確認できます（ここでは48個）。なお，正確なタグの個数は検索するたび変わることが多く，本書の結果の48個とは一致しない場合があります。

9) 実際データ取得の際は，この部分（［:2］）を削除し，すべてのデータを取得する必要があります。

10) product.h2.text と，順に「.」（ピリオド）で区切ってつなぐだけです。タグの上下関係や作業の順番はこのようにピリオドでつないで表します。

11) ここでの print メソッドは作業の結果を画面上で確認するためのものです。実際データを収集する際，この部分は不要なので削除します。

12) 最初から1番（0番，1番となるので2番目）の前までを意味します。

　次に，②のように products から順に取り出した product の下位タグ span（class 属性は 'a-size-base'）を，find メソッドを使い1つだけ探し出して rating と変数名をつけます。このコードを実行するとリターン値の1行目（⑤）でみるように span タグがそのまま表示されてしまいます。評価点（数字）だけを取り出したいので，語尾に③のように .text をつけます。実行するとリターン値の2行目でみるように4.2と表示されます。print メソッドに type(rating) とデータ形式を確認したところ，データの形式は 'str' とテキスト（文字）形式であることが分かります。

　このように目視では数字にみえていても，実際には文字形式である場合，数字のように演算できません。このため，文字データを正しく数字データに変換する必要があります。④でみるように，③のコードを，引数を実数（小数点付き数字）に変換する float メソッドの引数に指定するため，カッコで囲みます。コードを実行すると，結果はリターン値の3行目でみるように4.2と表示され，③のリターン値と同じようにみえますが，データの形式は実数（'float'）に変わっていることが確認できます。

```
In   products = soup.find_all('div', {'class':'a-section a-spacing-base'})
   ①for product in products[:1]:
        # 評価情報の取得
   ②rating = product.find('span', {'class':'a-size-base'})
      print(rating)
   ③rating = product.find('span', {'class':'a-size-base'}).text
      print(rating,type(rating))
   ④rating = float(product.find('span', {'class':'a-size-base'}).text)
      print(rating,type(rating))

Out ⑤<span class="a-size-base">4.2</span>
      4.2 <class 'str'>
      4.2 <class 'float'>
```

数字のデータ形式を大きく分けると，

整数（0, 1, 2, 3, …のように小数点を使わない数字）　→　int
実数（3.9, 4.3, …のように小数点を使う数字）　　　　→　float

があります。
　Web スクレイピングを行う際，取得したデータはテキスト（文字）形式になるので，演算が必要なデータは数字への変換が必要です。変換にはデータの形式が整数か実数かで，int メソッドまたは float メソッドが必要です。覚えておきましょう。

3）レビュー数の収集
　ここでは，商品についてのレビュー数の情報を収集します。前節でも用いた商品情報を貯めてある products 変数をもとにタグを解析し，レビュー数を取得します。
　まず，次の① for 文では1件の例で数字可否の確認のため，タグ解析を行いますが，products[1:2] と語尾に［1:2］とつけ，1番（2番目）のデータからの数字を確認します[13]。次に，②のように product の下位タグ span（class 属性が 'a-size-base s-underline-text'）を1つ探し reviews と変数指定します。このコードを実行すると，リターン値の1行目（⑤）でみるように span タ

グがそのまま表示されます。そこで，レビュー数だけを取り出したいので，語尾に③のように
.text をつけます。(2,918) とレビュー数がカッコに囲まれているため，カッコを取り除く必要
があります。そこで，取得した text に［1:-1］とつけ，1番（2番目）から後ろ側から1番（2
番目）までを取得します[14]。このコードを実行するとリターン値の2行目でみるように2,918と
カッコが取り除かれていますが，'str' とあるのでテキスト形式のデータです。

　2,918には，（コンマ）が含まれているため，数字に変換できません。置換メソッド，replace
を使って削除します。書き方は replace（' 対象の文字 ',' 置換後の文字 '）のようになりますの
で，ここでは replace（ ',', '' ）と「,」を「空白」に，つまり削除するようにコードをつけ加え
ます（④[15] 参照）。リターン値は3行目でみるように2918と，「,」（コンマ）が消え数字だけに
なります。データ形式も int（整数）になっていることが分かります。

```
In    products = soup.find_all('div', {'data-component-type':'s-search-result'})

   ① for product in products[1:2]:
         #レビュー数情報の取得
   ② reviews = product.find('span',{'class':'a-size-base s-underline-text'})
      print(reviews, type(reviews))

   ③ reviews = product.find('span',{'class':'a-size-base s-underline-text'}).text[1:-1]
      print(reviews, type(reviews))

   ④ reviews = int(product.find('span',{'class':'a-size-base s-underline-text'}) \
         .text[1:-1].replace(',',''))
      print(reviews, type(reviews))

Out ⑤ <span class="a-size-base s-underline-text">(2,918)</span> <class 'bs4.element.Tag'>
      2,918 <class 'str'>
      2918 <class 'int'>
```

4）商品の価格情報の収集

　ここでは，商品の価格情報を収集します。商品の情報は前節でも用いた商品情報を貯めてあ
る products 変数をもとにタグを解析し，価格情報を取得します。

　まず，次の① for 文は，前節同様2番目の商品の価格情報を取得するため，タグ解析を行いま
す。次は，②のように product の下位タグ span（class 属性が' a-price-whole'）を1つ探し reviews
と変数指定します。この際，価格情報が複数あるので確実に取得できるのかを試してみる必要
があります。②，③，④については前節と同じ手順で行い，タグからテキストに変換し，最後
に数字に変換していきますが，変換の行程を確認するため，画面表示を入れています。リター
ン値から価格情報が収集でき，整数に変換されていることが確認できました。

13）2番目（0番，1番，…で1番）から2番の前までなので1番のデータのみとなります。必要なら III 2（1）を
　　参照してください。
14）リスト内のデータを番号で指定する方法は，V 脚注17）で解説しました。必要なら参照してください。
15）④行では説明のため，＼（逆スラッシュ）を使いコード全体を表示していますが，エラー防止のため，読者
　　のみなさんの使用はお勧めしません。

```
In    products = soup.find_all('div', {'data-component-type':'s-search-result'})

  ① for product in products[1:2]:
        # 商品価格の取得
  ② price=product.find('span',{'class':'a-price-whole'})
     print(price, type(price))

  ③ price=product.find('span',{'class':'a-price-whole'}).text
     print(price, type(price))

  ④ price=int(product.find('span',{'class':'a-price-whole'}).text.replace(',',''))
     print(price, type(price))
```

```
Out   <span class="a-price-whole">56,030</span> <class 'bs4.element.Tag'>
      56,030 <class 'str'>
      56030 <class 'int'>
```

5）product 情報の関数化

　ここでは，検索した商品について，商品名や評価点，レビュー数，価格の情報を辞書型にまとめて for 文の外側に作成しておいた変数 productsinfo に格納する[16] ためのコードを作成します。

　前節同様，関数の宣言（関数名をつける）と引数の指定が必要です。def getdeals(soup): と関数を宣言し，その関数の引数として soup を渡します。その後，前節で解説した商品名や評価点，レビュー数，商品価格を取得するため，コードを追加します。

　まず，次の①をみると，例外処理のため，try-except 文を用いています。しかし，①より前（上部）にある商品名には例外処理がないまま，name 変数に product.h2.text を代入しています。この理由は，商品名がないという例外が考えられないからです。

　しかし，商品名は検索できたが，①で収集する評価点やレビュー数，商品価格についての情報がないこともありえます。各ページ内から収集する情報が1件でもないものがあるとエラーになり，コードの実行が中止され，情報取得はできなくなります。

　このようなエラーへの対応のため，データがないという例外が発生した場合の処理方法を記述しておく必要があります。処理には try-except 文を使います。

　try 文には正常時に行うコードを書き，続く except 文には例外が生じた際の対処コードを書きます。ここでは，情報が入っていないことが例外としてありえるため，空白を表す ' ' を，rating='' と書き，rating に代入するだけです。

　また，レビュー数と商品価格にも try-except 文を用いて例外処理を行っていることが①から確認できます。

---

16) for 文内に格納すると繰り返されるたび，格納されたデータが初期化（削除）されてしまいます。このため，for 文でデータを収集する際は必ず for 文の外側に格納する変数を作成しておく必要があります。

```
try:
    # 正常時のコード
    rating=float(product.find('span',{'class':'a-size-base'}).text)
except:
    # 例外発生時のコード
    rating="   ←  例外が生じると，rating は空白で処理される
```

```
In    # 商品情報の収集
      def getdeals(soup):
          products = soup.find_all('div', {'data-component-type':'s-search-result'})

          for product in products:
              # 商品名の取得
              name=product.h2.text
              # 評価情報の取得
          try:
              rating=float(product.find('span',{'class':'a-size-base'}).text)
          except:
              rating="
              #レビュー数情報の取得
          try:
     ①       reviews=int(product.find('span',{'class':'a-size-base s-underline-text'}).text[1:-1])
          except:
              reviews="
              # 商品価格の取得
          try:
              price=int(product.find('span',{'class':'a-price-whole'}).text.replace(',',''))
          except:
              price="

              # すべての情報を辞書型にまとめて書き出す
          info={
              'product_name':name,
              'rating':rating,
     ②       'reviews':reviews,
              'price':price
          }
              # 外部変数に収集データを追加する(貯める)
          productsinfo.append(info)
          return
```

　最後に，関数の外側に指定してある productsinfo 変数[17] に取得したデータを追加し，貯めて
おけるよう，コードを追加します。前の②では，取得したそれぞれの情報を辞書型にまとめ，
info 変数として指定し，データを追加する append メソッドに引数として渡しています。書き
方は，追加したい（貯めておきたい）変数名＋．（ピリオド）＋ append（追加したい変数）の
ようになります。関数化したのでコードを処理した結果をリターンする必要があります。最後

---

17) ここでは，productsinfo＝［ ］と空白の変数，productsinfo を指定しています。変数の名称はいつでも好みに
　　合わせて変更してもかまいませんが，できるだけ内容が分かるような名称に指定します。

の行に return と追加します。しかし，この例では，収集したデータは繰り返し作業の都度，外側につくってある変数に収集したデータを貯めています。このため，処理結果を返さなくてもいいのです。つまり，リターン値はなしでいいのです。

　最後の行にリターンする変数がないまま，return とだけ書きましたが，リターンする値がない場合（リターンが必要ない場合を含む）には return そのものも省略できます。

　ここまでで，商品情報をまとめて外側の変数に貯めておけるようになりました。

（3）次ページの確認と url 取得

　Ⅵ1のとおり，条件を指定して検索した結果，検索件数は485で，結果の表示は複数ページにわたっています。これまでは最初のページにある48件の結果を対象に，必要な情報を取得するため，タグを解析しコードを書き，コードの作動を確認してきました。

　本節では，ページをめくりながら各ページ内の情報を取得するため，ページめくりに必要なコード作成について解説します。取得したい情報が複数ページにわたる場面はとても多く，Web スクレイピングにページめくりのスキルは欠かせません。解説は，無限に繰り返し作業を行う方法と，指定した条件に達すると作業を中止する，もっとも一般的な制御方法に分けて進めていきます。しっかりと覚えておきましょう。

　まず，検索結果を表示した下部のページ選択バーから次へ（①）をクリックし，タグを確認します。「次へ」は，情報量が多く情報の表示が複数ページにわたる場合，次のページを表示するために表示され，クリックできる状態になります。しかし，ページをめくりつづけ，最後のページにたどり着くと，それ以上次のページがないので「次へ」は表示されなくなります。実際に最後のページのタグを html 文で確認すると，②のような a タグは表示されていません。これで，次ページの情報は最後のページの前のページまでは次へのタグから収集できることが分かります。

　では，「次へ」タグを詳しくみてみましょう。a タグの［'href'］属性には，次のページの url と移動直前のページ情報が含まれています。これは高度な情報提供の制御に使われるもので，Web スクレイピングでは不要なので，ここでは url だけ取りあげ解説していきます。

　［'href'］は，/s?k=tv+50%E3%82%A4%E3%83%B3%E3%83%81&page=2 で，http(s)://www.…のようになっておらず，完全な url でないことが分かります。'href' の前に，https://www.amazon.co.jp をつけ加える必要があります。これを参考に次は次ページの url を取得する方法を解説します。

　次の①は，Ⅴ3（6）で html 文を解析して変数に指定したものをもとに，上記③の class 属性

を指定した a タグを nextpage と変数指定します。

　次は，if 文による条件判定です。

　指定する方法は III 5（1）で解説しました。必要なら参照してください。

　百聞は一見に如かずと，実際にコードをみた方が理解しやすいと思います。if 文の書き方は次のようになりますが，本書の例のように，条件が True の場合（条件に合っている場合）に実行するコードだけを書くこともできます。この場合，条件が True でなければ，指定したコードは無視され，コードは次に進み，次のコードを実行します。

```
if True の場合の条件：
    True の場合に実行するコード
else：（← if 条件が False なら）
    False の場合に実行するコード
```

　if nextpage: は True の場合の条件を書く場所に nextpage とあるので，nextpage があること（True）になります。if not nextpage: のように not が入っている場合もよくみられますが，これは nextpage が not（ない）であるのが True（条件に合っている）の場合になりますので，nextpage がなければ（つまり，最後のページであれば）の意味になります。

　最後に実行するコードは③でみるように https://www.amazon.co.jp と文字化け（Ascii コード化）された nextpage 変数を結合し，url に代入します。

　さて，データを結合する際，文字と数字のようにデータ型が異なるもの同士は結合できません。このため，数字などをテキスト（文字）に変換する str() メソッドを用いて文字型に変換（データ型を統一）してから結合します。ここでは，nextpage を str の引数として渡し，変換してから結合しています。

　nextpage（①）があれば（上記の説明から次ページがあればになります），nextpage 変数の［'href'］属性（次ページの url）を https://www.amazon.co.jp と組み合わせて url に指定されます。

　このコードを実行するとリターン値は url となっており，さらに語尾は page=2 となり，現在のページの次のページである 2 ページを示していることが分かります。

```
In   # 次ページのurl取得
①nextpage=soup.find('a',{'class':'s-pagination-item s-pagination-next s-pagination-
②if nextpage:
③url = 'https://www.amazon.co.jp' + str(nextpage['href'])
    print(url)

Out  https://www.amazon.co.jp/s?k=tv+50%E3%82%A4%E3%83%B3%E3%83%8
     1&page=2
```

　ここまで解説したコードを関数化してみましょう。

　まず，関数を宣言（新しく作成）するため，次の①のように，def に続き，関数名を pagination と書き，引数として soup を渡します。これで pagination 関数は soup をもとにタグを解析できるようになりました。

　2行目からは，基本的に前のコード文と同じですが，関数は実行後その結果を返しますので，最後は return で実行結果を返します。<u>関数化は，「関数宣言（def 関数名（引数）:）で始まり，最後の return（return 返す引数）で終わる」</u>と覚えておきましょう。本節では，リターン値が条件によって異なりますので，条件ごとのリターン値を用意しておく必要があります。この際，コードを実行した後，その結果をリターンする return メソッドは，「return ＋ リターンする引数[18]」の形式で書きますが，リターン値がない場合には return とだけ書きます。本節の例では条件が True の場合は return url と url を返します。条件が False の場合には返すものがないので，③のように return だけを書きます。

　なお，実行結果の確認のため画面表示に使った print メソッドは，実際のコード文では必要ないので削除します。このように関数化することで，リターン値がある限り，次ページの url が繰り返しリターンされるので，その url をもとに表示された情報を収集することができるようになります。繰り返し次ページの url がリターンされますが，最後のページになると次ページがありません。このため，リターンする url もなくなり，リターン値はありません（空っぽです）。

```
In      # 次ページの有無確認とurl返し
     ① def pagination(soup):
          nextpage=soup.find('a',{'class':'s-pagination-item s-pagination-next s-paginatio
          if nextpage:
     ②   url = 'https://www.amazon.co.jp' + str(nextpage['href'])
             return url
     ③ else:
             return
```

3　繰り返しと main 変数の適用

　前節では，必要なライブラリのインポートや html 文全体の解析から soup 関数化，次ページの有無判断と url 取得，ページ内の商品情報の取得の部分を，それぞれ関数化することを取りあげました。ここでは，それらの関数を組み合わせて情報を取得し，ファイルに保存することを解説します。

（1）関数化コード文の構造

　初学者の多くは，データを収集するのに必要なコードを関数化せず，書いています。その理由の1つに，関数の構造化の理解が十分でないことがあげられます。すでに，本書では V のスクレイピング例で，関数化したコードを並行して紹介し，関数化していないコードとの違いをみてもらいました。関数化することで，コードが分かりやすくなり，また不具合が生じた際，その場所の特定と対処が容易になります。そこで，関数化されたコードに慣れるため，本節以

18）一般的には引数として処理した結果を貯めておく変数を指定します。

図VI-2　コード文の構造

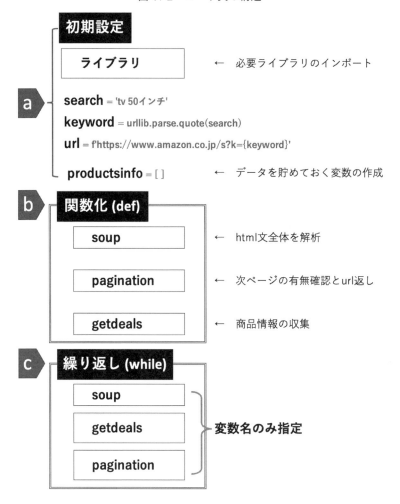

降，できるだけ関数化したコードを用いて解説します。

　まずは，本節の事例をもとに関数化に必要なコードの構造化の基本を取りあげ，解説します。一般的なコード（プログラミング）は，どのようなプログラミング言語を使っても，基本的には図VI-2のような構造になります。コード文のはじめには，コード作動に必要なライブラリや繰り返しの文の中に入れると不都合が生じる[19] 変数などを読み込む，いわゆる「初期設定」を行います。図VI-2-aでみるように必要なライブラリを入れておきます[20]。この場所を「a 初期

---

19) 脚注16）ですでに説明したとおりですが，初学者が陥りやすいミスなので，もう少し詳しく説明します。繰り返し作業から収集するデータを貯めておく変数を繰り返し文の中に入れておくと，繰り返すたび変数が上書き（中のデータが削除）されてしまうため，貯めておいたつもりでも，データは最後に繰り返した内容だけが残ってしまいます。このため，変数をどこに置いておけばいいのか，全体の構造をイメージしながら置く場所を決める必要があります。
20) ライブラリは，実際に必要になった時，コード文の直前に書いても動作に問題はありませんが，後からコードの修正や解析などをしやすくするため，慣習上，最初にまとめて配置します。

設定」といいます。

　ここでは，検索する日本語のキーワードやその検索キーワードを Ascii コードに変換するためのコード，それを実行して得られた url は初回の1回のみ使いますので初期設定に置いてあります。また，次のコードで繰り返し作業を通して収集されるデータを貯めておく変数が置いてあります。

　次に，図 VI-2-b でみるように，それぞれの作業を関数化して並べておきます。この場所を「b 関数化」といいます。soup 関数は html 文全体を解析したものです。次の pagination 関数は soup 関数のリターン値（soup 関数で解析した html 文）をもとに，次ページに関する情報を操作します。getdeals 関数でも pagination 関数と同じく，soup 関数のリターン値をもとにページ内の商品情報を収集します。このように soup 関数は関数化（パッケージ化）されているため，必要ならいつでも簡単に呼び出して使うことができます。本節では soup, pagination, getdeals の3つの関数を作成して「b 関数化」に置いておきます。この際，関数を作成する順番や並べる順番がコードの実行結果に影響を及ぶことはありません。

　最後に，関数化されたパッケージをどの順番で繰り返すのかを決め，関数名を並べて置きます。この場所を「c 繰り返し」といいます。ここに並べた順番でそれぞれの作業が実行されます。並べる順番を間違ってしまうと，予期せぬ結果になってしまいます。このため，「c 繰り返し」では並べる順番がとても重要です。ここに並べた関数名を参考に，実際の関数のコードは「b 関数化」から呼び出して使います。「b 関数化」にはコードそのものが入っていますが，「c 繰り返し」には呼び出すための関数名があるだけです。

（2）while 文による繰り返し

　では，本節で作成した関数を while 文に並べた順番をみてみましょう。

　最初に while 関数を宣言しています。書き方は，「while 繰り返す条件 :」のようになりますが，本節の例では「while True:」となっているので無限に繰り返す，いわゆる無限ループになっています[21]。

　繰り返すコードは，次の関数名の並び順，①→②→③の順になります。

　次の①では引数として渡された url をもとに html 文を解析し，②ではページ内の必要な情報を取得し，そのデータを外部にある変数に貯めておきます。その後，③で次のページがあるか調べ，あれば次のページの url を抽出して①の引数 url として渡します。

21）while 文については，III 5（3）で詳しく解説しました。必要なら参照してください。

```
while True:                    ←無限ループ（無限に繰り返す）の指定
  ① soup = getsoup（url）      ← url を引数として受け取って実行し，結果を soup に代入

  ② getdeals（soup）           ← soup 変数を引数として受け取って処理するだけ
                                  取得したデータを外側の変数に貯めているため，リターン不要

  ③ url = pagination（soup）   ←引数として soup 関数を受け取って処理し，結果を url に代入
                                  ②と同じ soup を引数に受け取っている

  ④無限ループの中止判定        ←主に if 文を使った条件設定を使う
    if url :
        pass                    ←繰り返しを続ける
    else:
        break                   ←繰り返しを中止する
```

　このように①→②→③を繰り返すことになっていますが，この繰り返しを中止する判定は，③で抽出した url を①に渡す前の④で行っています。渡す url（リターン値）があれば pass が実行され（次に進みます），url は①に渡されますが，渡す url がなければ，break が実行され，繰り返しが中止されます。

　無限ループ文では，いつ無限ループを中止させるのかの判定がとても重要です。ここでは④のような if 文による判定を用いて行っています。

（3）main 関数化

　前節の図 VI-2 でみるように，「a 初期設定」，「b 関数化」を行ったパッケージと，それらの実行順番（繰り返しが必要なら繰り返し順番）を決める「c 繰り返し」がありますが，コードは「c 繰り返し」ではじめて実行されます。ここでは，コードが実行される際に必要な制御コードについて解説します。

　まず，次の①の if 文は，省略してもコードは実行されます。if __name__=='__main__': のように指定する理由は，簡単にいうと，コードをコマンドライン上で実行する時のみ作動するようにするためです。他のファイルからインポートした時などの環境では作動しません。ひとまず関数化したコードを使用するには，main 関数を使うと覚えておきましょう。さて，ここではこれ以上の解説は割愛しますが，main 関数の使用はレベルアップに必要なものとしておきましょう。本書でも，できるだけ main 関数を使うコードを取り入れた解説にしていきます。

　次の②，③，⑥の print メソッドは，コードが実行されている間，または実行終了の状況把握が必要な際，情報を画面表示するため加えたコードなので，省略しても情報の取得に支障はありません。

　②は，複数ページから情報を収集する際，どのページから情報を収集しているのかを確認するためのもので，画面表示メソッド print に引数として '…データ取得中の url：'（文字列）と pagination 関数からリターンされた次ページ url を画面表示するためのコードです。このように「文字列＋変数」のように組み合わせて print（画面表示）することができます。しかしこの際，変数のリターン値が文字列以外の場合にはエラーになります[22]。このような場合，数字を文字

に変換する必要がありますので，str（変数）で文字列に変換した変数を組み合わせて文字列＋str（変数）の形式で指定します。③は，保存したデータの件数を確認するためのもので，productsinfo の長さ（データの個数）をリターンする len メソッドを使っていますが，リターン値は整数です。このため，別の文字列と一緒に画面表示するためには数字を文字列に変換する必要があります。str メソッドを使って変換します。変換した str（数字または数字を返す変数）に文字列の ' 件保存しました。' を加えた print(str(len(productsinfo)) ＋ ' 件保存しました。')のようなコードになります。⑥は，作業が終了したことを確認するためのもので，単に作業終了という文字列だけを表示するため，print メソッドに表示したい文字列を引数として渡すだけです。

　次に④では，import pandas as pd でインポートしたデータの取り扱いに欠かせない pandas ライブラリを使い，データフレームに変換します。データフレーム変換メソッド pd.DataFrame の引数にデータを貯めておいた productsinfo 変数を渡し，それを新たに df という変数に指定しています。

　最後に，新しく作成されたデータフレーム変数 df を csv 形式に保存する to_csv メソッドに渡すだけで保存されますが，⑤でみるように引数が複数あります。日本語を使う場合，to_csv メソッドの引数は，次のような3つの引数を使うのが一般的です。引数1は保存するファイル名です。ここでは検索キーワードを変数として取り扱うため，f '… ｛検索キーワード｝ …' のように指定しています（VI1を参照）。次の引数2は pandas が個体識別のため自動的につけるインデクス（通し番号）はいらないので index = False（必要なら True と指定）と指定します。最後に引数3は，日本語のような2バイト言語の文字化けを防ぐためにつける引数（encoding = 'utf-8-sig'）です。この文字コードの設定を忘れると，とくに Windows や Excel のような標準の文字コードが unicode（utf-8）でない環境では文字化けが生じます[23]。忘れず書き加えておきましょう。

　これで収集した商品情報を保存することができました。保存される場所は，Jupyternote のデフォルトフォルダになりますので，フォルダに amazon_tv 50インチ .csv と新しいファイルがつくられていることが確認できると思います。

22）print メソッドは，引数として異なるデータ型を同時に受け取ることができません。例えば，文字列と併せて文字列以外の数字などを引数として渡すと，エラーになります。このため，引数のデータ型を統一する必要があります。変数が print メソッドの引数になる場合，そのデータ型は変数のリターン値のデータ型になります。データ型の変換において，文字列を数字に変換することはできませんが，逆に数字を文字列に変換することはできます。そこで，print メソッドの引数のデータ型に文字と数字が混在する場合，数字を文字列に変換してもらえる str( ) メソッドを使って変換します。
23）Microsoft 社の Windows やその他 Office 関連ソフトなどでは基本的に Shift-JIS コードを使っているため，文字化けが生じます。最新のバージョンでは utf-8 が標準の文字コードになっているようですが，それでも既存ソフトとの互換性の維持のためなのか文字化けが生じます。このような不都合を防ぐため，引数3のように encoding = 'utf-8-sig' と書き加えておきます。

```
df.to_csv( f'amazon_{search}.csv', index = False, encoding = 'utf-8-sig' )
```

CSV変換 メソッド	保存するファイル名 （拡張子含）	index不要 （通し番号）	日本語の 文字化け防止
メソッド	引数1	引数2	引数3

```
In ① if __name__=='__main__':
        search = 'tv 50インチ'
        keyword = urllib.parse.quote(search)
        url = f'https://www.amazon.co.jp/s?k={keyword}'
        productsinfo = []

        while True:
            soup = getsoup(url)
            getdeals(soup)
            url = pagination(soup)
            if url:
            ②  print('...データ収集中のurl： ' + url)
            ③  print(str(len(productsinfo)) + ' 件保存しました。')
                pass
            else:
                break

    ④ df = pd.DataFrame(productsinfo)
    ⑤ df.to_csv(f'amazon_{search}.csv',index = False, encoding='utf-8-sig')
    ⑥ print('作業終了。')
```

　なお，上記のコードですべてのコード文を実行すると，次のように作業中の url と保存した
データの件数が表示され，データ収集作業の進行状況が確認できます。作業終了後，画面に「作
業終了。」と表示され，作業が終わったことが確認できます。

```
Out   ...データ収集中のurl： https://www.amazon.co.jp/s?k=tv+50%E3%82%A4%E
      3%83%B3%E3%83%81&page=9&qid=1675318821&ref=sr_pg_8
      393 件保存しました。
      ...データ収集中のurl： https://www.amazon.co.jp/s?k=tv+50%E3%82%A4%E
      3%83%B3%E3%83%81&page=10&qid=1675318822&ref=sr_pg_9
      441 件保存しました。
      作業終了。
```

　最後に，本章で作成したコードを図 VI-3 にまとめましたので，参考にしてください。

図 VI-3　Amazon 商品情報収集の学習用コード集

```python
# 必要なライブラリのインポート
import requests
from bs4 import BeautifulSoup
import urllib
import pandas as pd

# html 文の全体解析
def getsoup(url):
    res = requests.get(url)
    res.raise_for_status
    soup = BeautifulSoup(res.text, 'html.parser')
    return soup

# 次ページの有無確認と url 返し
def pagination(soup):
    nextpage=soup.find('a',{'class':'s-pagination-item s-pagination-next s-pagination-button s-pagination-separator'})
    if nextpage:
        url = 'https://www.amazon.co.jp' + str(nextpage['href'])
        return url
    else:
        return

# 商品情報の収集
def getdeals(soup):
    products = soup.find_all('div', {'data-component-type':'s-search-result'})

    for product in products:
        # 商品名の取得
        name=product.h2.text
        # 評価情報の取得
        try:
            rating=float(product.find('span',{'class':'a-size-base'}).text)
        except:
            rating=''
        # レビュー数情報の取得
        try:
            reviews=int(product.find('span',{'class':'a-size-base s-underline-text'}).text[1:-1])
        except:
            reviews=''
        # 商品価格の取得
        try:
            price=int(product.find('span',{'class':'a-price-whole'}).text.replace(',',''))
        except:
            price=''

        # すべての情報を辞書型にまとめて書き出す
        info={
            'product_name':name,
            'rating':rating,
            'reviews':reviews,
            'price':price
        }
        # 外部変数に収集データを追加する（貯める）
```

```python
        productsinfo.append(info)
    return

if __name__=='__main__':
    search = 'tv 50インチ '
    keyword = urllib.parse.quote(search)
    url = f'https://www.amazon.co.jp/s?k={keyword}'
    productsinfo = []

    while True:
        soup = getsoup(url)
        getdeals(soup)
        url = pagination(soup)
        if url:
            print('... データ収集中の url　：　' + url)
            print(str(len(productsinfo)) + ' 件保存しました。')
            pass
        else:
            break

    df = pd.DataFrame(productsinfo)
    df.to_csv(f'amazon_{search}.csv',index = False, encoding='utf-8-sig')
    print(' 作業終了。')
```

VII Amazon 商品レビューの収集

　前章では Amazon サイトで商品を検索し，ヒットしたすべての商品情報を収集する手法を解説しましたが，本章では商品についてのレビュー（口コミ）情報を収集する手法を解説します。

　さて，Web スクレイピングでは情報収集のため，繰り返し文についての理解と使い方の習得はとても重要なスキルといえます。前章で while 文による無限ループ（中止指定がない限り永遠に繰り返すコード）を使う手法を取りあげました。本章ではそれに加え，繰り返しに用いられるもう 1 つのメソッド，for 文を取りあげます。

　for 文では，最初に繰り返す回数を指定しますので，繰り返しの終了が決まっており無限ループではありません。本章では for 文を，繰り返す回数が不明な状態で用いるため，使い方としては while 文に限りなく近いといえます。つまり，疑似無限ループ文としての使い方になります。本章での for 文の使い方は，while 文と併せてしっかりと覚えておきましょう。

1　url の取得

（1）html 文の構造把握

1）レビュー文の表示
　まず，Amazon サイトのトップページで検索を行います。前章で 50 インチのテレビを事例に取りあげましたので，ここでも 50 インチテレビを事例に解説します。

　検索結果が画面表示されたら，商品説明（タイトル）と星による 5 段階評価点とレビュー件数（○○○個の評価）が表示されていることを確認します。

　次に，レビュー内容を確認するため，レビュー件数を表す数字をクリックします。画面がスクロールダウンされ，商品レビューが表示されます。

　商品レビューが確認できたら，画面を更にスクロールダウンしていき，レビュー文の最後のところに「レビューをすべて見る」と表示されていることを確認します。確認の上で，この文字をクリックし，すべてのレビュー文を表示します。これで商品のレビューすべてを確認することができるようになりました。

2）レビュー文の url の確認
　url を取得するため，もう一度レビュー文の最下部までスクロールダウンし，「次へ」をク

リックします。次ページ（2ページ目）の表示を確認し，下部のページ番号のところから，［前へ］をクリックして最初のページ（1ページ目）に戻ります。この作業は，デフォルトのままでは url の中にページ番号が表示されないために必要です。

　Web ブラウザの上部の url 欄（①）でみるように，日本語の商品名を削除して url を短くします[1]。この url をコピーして②のように変数，url に代入します。

　url（②）の最右端は pageNumber=1 で終わっています。最後の数値はページを表示していると推察できます[2]。

①　amazon.co.jp/ハイセンス-4Kチューナー内蔵-50U7FG-ネット動画対応-2021年モデル/product-reviews/B09J15GWV/ref=cr

↓

②
url = 'https://www.amazon.co.jp/product-reviews/B09J15GWV/ref=cm_cr_getr_ d_
　　paging_btm_next_1?ie=UTF8&reviewerType=all_reviews&pageNumber=1'

（2）html 文全体の解析

　次は，コード文で必要なライブラリをインポートしておきます。まず，requests と bs4 は html 文の解析に必要なものです。また，pandas は収集したデータを取り扱うためのもので，前章でも使っています。最後の datetime は，本章ではじめてインポートするライブラリで，日付時刻のデータを取り扱うために必要なものです。時系列分析を行う際に欠かせないものですが，本章ではレビュー日付を文字列データではなく，日付データに変換保存するために使います。詳しくは後述します。

```
In    # 必要なライブラリのインポート
      import requests
      from bs4 import BeautifulSoup
      import pandas as pd
      from datetime import datetime
```

　次に，url に入っているレビュー文についての情報をサーバーにリクエストし，リターン値として受けとるための requests.get(url) と，サーバーからのリターン状態を確認するための res.raise_for_status を書き加えます。実行すると，リターン値は200で，正常にデータがリターンされていることが分かります。正常にデータの取得ができることが確認されましたので，次の手順に進みます。

---

1)　③の作業は省略しても動作に問題はありませんが，日本語の検索語は Ascii コードに変換され，長い url になってしまいますので削除しておきます。

2)　画面下部の［次へ］をクリックすると，最後の数字，1が2に変わりページが進みます。更に［次へ］をクリックすると3ページに進みます。つまり，この数字を変えることで，新しい情報を表示することができます。各ページの url 情報は最後の数字が変わるだけなので，最初のページ内の情報を収集することができれば，あとは，情報が掲載されている最後のページまで，情報の収集とページめくりを繰り返し行うことでレビューデータを収集することができます。

```
In   url = 'https://www.amazon.co.jp/product-reviews/B09J15JGWV/ref=cm_cr_getr_

     res = requests.get(url)
     res.raise_for_status
```

```
Out  <bound method Response.raise_for_status of <Response [200]>>
```

すべての html 文を解析し，soup に代入しておきます。また，requests から soup 変数に代入
するところまでを次のように関数化しておきます。soup をリターンするまでの関数（ここでは
getsoup(url)）は Web スクレイピングの最初の段階で，絶対必要なものですので，覚えておき
ましょう。

```
In   def getsoup(url):
         # html文の全体解析
         res = requests.get(url)
         res.raise_for_status
         soup = BeautifulSoup(res.text, 'html.parser')
         return soup
```

get_soup(url) 関数の動作確認のため，コードを実行してみると，次のようにとても長いリ
ターン値が返されますが，ここでは最初の数行のみ表示しています。これで商品レビューの
データが入っている html 文の解析ができました。

```
In   get_soup(url)
```

```
Out  <!DOCTYPE html>
     <html class="a-no-js" data-19ax5a9jf="dingo" lang="ja-jp"><!-- sp:feature:h
     ead-start -->
     <head><script>var aPageStart = (new Date()).getTime();</script><meta ch
     arset="utf-8"/>
     <!-- sp:end-feature:head-start -->
```

2　レビューデータの収集

（1）コードの解析とデータの収集

html 文の解析が終わりましたので，次は必要なレビュー情報を収集する段階です。まず，1
つのレビューが入っている箇所を解析し，reviews という変数に代入しておき，reviews からレ
ビューデータを1つずつ取り出して必要なデータを取得する作業を繰り返し行います。レ
ビューの最初のページの html 情報を解析して代入しておいた soup 関数からすべてのレビュー
（ここでは1ページ当たり10件）をすべて探し出すため，find_all メソッドを用いて抽出し，
reviews 変数に代入しています（次の①）。

次は，繰り返し作業のため，for 文を使いますが，ここで用いる for 文は，前章のものと指定
したタグが異なるだけで，基本的には同じです。使い方はVI 2（2）で詳しく解説しましたので，

必要なら参照してください。

②for item in reviews［:1］は，データ収集の確認のため，語尾の［:1］で最初の１件に絞って
います。リスト型データの指定についても VI 2（2）で詳しく解説しましたが，次のことは覚え
ておきましょう。

> リスト型データで一部指定は［最初：最後の前］の形式で指定します。空白の場合は
> 最初から最後までを意味します。また，「-」（半角のマイナス）をつけて最後から数える
> こともできます。

reviewer を収集するため，class 属性が a-profile-content である div タグから文字列を抽出し
ています。title の収集には data-hook 属性が review-title である a タグの文字列を抽出しますが，
不要な空白（white space）を削除するため，strip メソッドをつけています。③と④は同じもの
で，③では評価の文字列を取り出していますが，必要な部分だけにしぼるため，④では後ろの
３文字だけを抽出し実数に変換する float メソッドを追加しています。③の結果はリターン値の
３行目で，④の結果はリターン値の４行目で，確認できるとおりですが，④の結果で数字だけ
を抽出していることが分かります。

最後に，レビュー文の文字列のみを抽出して不要な空白を削除し，body 変数に代入します。
実行結果のリターン値のとおり，次のコードで問題なくデータの取得ができていることが確認
できました。

```
In ①reviews = soup.find_all('div',{'data-hook':'review'})
   ②for item in reviews[:1]:
       # Reviewer
       reviewer = item.find('div',{'class':'a-profile-content'}).text
       print(reviewer)

       # Title(空白削除のため、stripメソッドを追加)
       title = item.find('a',{'data-hook':'review-title'}).text.strip()
       print(title)

       # rating(実数変換のため、floatメソッドを追加)
   ③  rating = item.find('i',{'data-hook':'review-star-rating'}).text
       print(rating)

   ④  rating = float(item.find('i',{'data-hook':'review-star-rating'}).text[-3:])
       print(rating)

       #レビュー内容
       body = item.find('span',{'data-hook':'review-body'}).text.strip()
       print(body)
```

```
Out  りえこ
     TVer入ってない。
     5つ星のうち4.0
     4.0
     ネトフリにアマプラ、YouTube、ユーネクストが基本はいってるのにTVerなど見逃し配信モノ
     がはいってないし、追加不能。追加したければ別の手段がいる。ほかは満足です。この値段で
     このクオリティならお買い得かと。
```

　次は，レビューを書いた日にち情報を取得し，日付型に変換します。文字列型データは，見た目だけでは日付型や数値型のデータと区分できません。日付型や数値型のデータは演算ができるのに対し，文字列型のデータは演算ができません[3]。このため，データ取得後，文字列型のデータは必要なら適切なデータ型に変換しておく必要があります。このようなデータの変換作業はとても重要なプロセスです。コードを作成する際，できるだけデータの形式を必要な形式に変換しておきましょう。

（2）データ型の変換：文字列型から日付型へ

　上記の reviewer や title，rating，body の例と同じで，日付データの取得でも for 文の最後に［:1］とつけ，日付データの取得を最初の1件だけで試します。

　まず，①では，item から data-hook 属性が review-date である span タグを最初の1つだけ取得し，文字列だけを取得しています。リターン値は1行目のとおり，日付以外の文字列も取得されています。あとから手作業で不要な文字列を削除することもできますが，最初から必要な日付データだけを収集した方が効率的です。

　②では，①で取得した文字列，「2023年2月13日に日本でレビュー済み」を対象に，分割メソッド split を用いて分割基準引数として「に」を渡し，それを基準に前後の2つに分割しています。リターン値は，分割された文字列が2つのリスト形式になっていることが分かります。

　③では，②で分割した文字列から最初のもの［0］を review_data 変数に再指定しています。ここまで，取得した文字列を分割して日付データだけを取得しています（リターン値の3行目：2023年2月13日）が，まだデータの形式は文字列型のままです。

　最後に④で，③で取得した日付のデータ形式を文字列型から日付型に変換するため，コードの最初に戻り datetime ライブラリを追加します。その後，striptime メソッドを使い，文字列を日付に変換します。striptime メソッドの使い方は次のとおりです[4]。

書き方：datetime.striptime（変換対象の文字列, ' 対象文字列の型式 ').date( )
　　　↓
実　例：datetime.striptime（review_date, '%Y 年 %m 月 %d 日 ').date( )

　ここでは，①〜④で，日付を含む文字列データの中から日付だけを取り出すことと，取得した日付のデータ型を文字列型から日付型に変換する過程を詳しく解説しました。①〜④，それぞれの違いを理解しておきましょう。実際のコード作成では日付データの取得と変換に③と④

　3）文字型のデータは，演算はできませんが，文字列をつなぎ合わせたり，条件に合う文字などを抽出したり，特定の文字などに置き替えることはできます。これに対して，日付型のデータは，日付順に並び替えるなどの演算ができます。例えば，文字列型のままなら，1,11,12,2,20,3,30,…の順に並びますが，日付型に変えると，1,2,3,…,11,12, …,20, …,30のように正しく並び替えることができます。

　4）コード文の最初に from datetime import datetime とライブラリをインポートしてあるのでここではライブラリの記述だけですが，ライブラリをインポートしていない場合にはインポートしてください。ここでは，変換対象データの文字列を '%Y 年 %m 月 %d 日' と指定し，リターン値3行目の日付の形式に合わせています。このように取得した日付データの表示形式，例えば2023-2-1なら '%Y-%m-%d' のように合わせる必要があります。

のみが必要です。

```
In    reviews = soup.find_all('div',{'data-hook':'review'})
      for item in reviews[:1]:
          #レビュー日(テキスト型日付を取得 → 日付型に変換)

          #テキスト型の日付を取得
①     review_date = item.find('span',{'data-hook':'review-date'}).text
          print(review_date)

②     review_date = item.find('span',{'data-hook':'review-date'}).text.split('に')
          print(review_date)

③     review_date = item.find('span',{'data-hook':'review-date'}).text.split('に')[0]
          print(review_date)

          #日付型データに変換
④     review_date = datetime.strptime(review_date,'%Y年%m月%d日').date()
          print(review_date)
```

```
Out   2023年2月13日に日本でレビュー済み
      ['2023年2月13日', '日本でレビュー済み ']
      2023年2月13日
      2023-02-13
```

（3）収集データの保管

　前章ではレビュー内の個々のデータの取得ができました。次は，取得した個々のデータを辞書型データにしてまとめます。データの取得にはfor文を使った繰り返し作業になるため，<u>データを貯める変数は必ずfor文の外側に置く必要があります。</u>うっかりfor文の内側に置くと，繰り返すたび変数が初期化（変数内のデータが削除）され，最後の繰り返しにより取得されたデータが残るだけになりますので，注意が必要です。

　まず，for文の開始位置より前に取得したデータを貯めておく変数を新しく作成しておきます（何も入っていない空白の変数）。ここでは，①でみるようにreview_contentsと指定しています。次に②でみるように，レビューを書いた人，レビューのタイトル，評価点，レビューした日，レビュー内容を，辞書型データとしてまとめ，rev_info変数と指定しています[5]。次に③では，辞書型データが入っているrev_info変数を，①で作成したreview_contents変数に追加しています。これにより，for文が繰り返されてもデータが削除されず，①で指定したfor文より前（外側）にあるreview_contents変数に追加，保存されていきます。

　最後に④で，③でreview_contents変数に追加保存されている内容を画面表示し，確認しま

5）ここでは5種の個々のデータが1セットになりますが，それぞれ，辞書のようにkeyとvalueで構成されています。辞書型データの取得の際，valueがない，つまり空白の場合には，取得するデータがないため取得せず，次のデータを取得することになります。しかし，これが原因でデータの個数が合わなくなります。例えば，データの件数が100件なら，5種の個々のデータともに件数が一致しないとエラーになります。つまり，5種すべてのデータがぴったり揃う必要があります。このため，空白の可能性があるデータの取得には必ず，データがない場合には空白のデータとして取得しておく必要があります。いわゆる，例外処理が必要になります。これについては，Ⅵ2（2）4）および5）で詳しく解説しました。必要なら参照してください。

す。問題なく取得したデータが表示されていますが，⑤でみるようにリターン値 review_date
は datetime.date（2023,2,1）と日付データの形式も表示されていることが分かります。これは，
収集したデータを貯めておいた変数の形式がリスト形式であるため，表示されていますが，最
後に csv ファイルとして保存すると，2023-2-1のように日付だけが保存されます。保存された
csv ファイルを開けてみると2023-2-1のように表示されます。また，データフレームなど，そ
の他のデータ形式に変換しても問題なく日付のみ表示されます。

```python
In ①  review_contents =[]
       reviews = soup.find_all('div',{'data-hook':'review'})
       for item in reviews[:1]:
           # Reviewer
           reviewer = item.find('div',{'class':'a-profile-content'}).text

           # Title(空白削除のため、stripメソッドを追加)
           title = item.find('a',{'data-hook':'review-title'}).text.strip()

           # rating(実数変換のため、floatメソッドを追加)
           rating = float(item.find('i',{'data-hook':'review-star-rating'}).text[-3:])

           #レビュー内容
           body = item.find('span',{'data-hook':'review-body'}).text.strip()

           # 日付を取得・(日付型)
           review_date = item.find('span',{'data-hook':'review-date'}).text.split('に')[0]
           review_date = datetime.strptime(review_date,'%Y年%m月%d日').date()

②         rev_info = {
               'reviewer' : reviewer,
               'title' : title,
               'rating' : rating,
               'review_date' : review_date,
               'review_body' : body
           }
③      review_contents.append(rev_info)
④  review_contents
```

```
Out  [{'reviewer': 'りえこ',
      'title': 'TVer入ってない。',
      'rating': 4.0,
⑤    'review_date': datetime.date(2023, 2, 1),
      'review_body': 'ネトフリにアマプラ、YouTube、ユーネクストが基本はいってるのにTVer
      など見逃し配信モノがはいってないし、追加不能。追加したければ別の手段がいる。ほかは満
      足です。この値段でこのクオリティならお買い得かと。'}]
```

（4）コードの関数化

　次は，前章で解説した個々のデータを取得するコードを関数化します。関数名を getreview
とし，VII 1で html 全ページを解析してリターンする getsoup 関数のリターン値，soup を引数
に指定します。各データ収集にはデータが空白などで欠落している例外処理[6] のため，①のよ
うに取得する項目ごとに try-except 文を使っています。このように1件でコードを確認し，デー

6）脚注5）と同じです。必要なら参照してください。

タがないかもしれない項目については例外処理を行わないと，コード実行時エラーになったりしますので，注意が必要です[7]。

　また，try-except 文ではエラーの種別に合わせた処理もできますが，ここではデータがない場合のみの処理を行い，その他についての解説は割愛します。

```python
def getreview(soup):
    reviews = soup.find_all('div',{'data-hook':'review'})
    for item in reviews:
        # レビュー者
        try:
            reviewer = item.find('span',{'class':'a-profile-name'}).text
        except:
            reviewer=''
        # Title(空白削除のため、stripメソッドを追加)
        try:
            title = item.find('a',{'data-hook':'review-title'}).text.strip()
        except:
            title = ''
        # rating(実数変換のため、floatメソッドを追加)
        try:
            rating = float(item.find('i',{'data-hook':'review-star-rating'}).text[-3:])
        except:
            rating=''
        # レビュー日(テキスト型日付を取得 → 日付型に変換)
        try:
            review_date = item.find('span',{'data-hook':'review-date'}).text.split('に')[0]
            review_date = datetime.strptime(review_date,'%Y年%m月%d日').date()
        except:
            review_date = ''
        # レビュー内容
        try:
            body = item.find('span',{'data-hook':'review-body'}).text.strip()
        except:
            body=''

        # 辞書型にまとめる
        reviewinfo = {
            'reviewer' : reviewer,
            'title' : title,
            'rating' : rating,
            'review_date' : review_date,
            'body' : body,
        }
        review_contents.append(reviewinfo)
```

（左余白に各 try-except ブロックに①のマーク）

3　繰り返し文の検討と作成

　前章まで，レビューが掲載されているページを開いて url の取得と取得した url 内のレビューデータの取得を順に取りあげ解説しました。一般的にレビューは複数ページにわたって掲載さ

7）とくに，初学者にとってエラーが表示されるとどのように対処すればいいか分からず慌てることになりますので，コード文が多少長くなりますが例外処理コードをしっかり追加することをお勧めします。試す時に問題なかったコードが，繰り返し作業を加え実行するとエラーになる場合，例外処理を行うことで解決されることが多いです。

れている場合が多く，閲覧や収集のためにはページをめくる必要があります。ここでは，ページごとの url を取得することとすべてのページで繰り返しデータを取得することに分けて解説します。

（1）次ページの確認と url の取得

データが複数ページにわたる場合には，ページをめくりながらデータを取得していきます。この作業については VI 2（3）で解説しました。必要なら参照してください。

ここでは，関数名を pagination とし，引数として全 html 情報を代入した soup を指定します。次に①でみるように，ページをめくるためのボタンのタグを解析し nextpage 変数として指定します。

次は，「次へ」ボタンのタグの url を取得するだけです。この作業を繰り返し行っていきますが，最終ページに至ると次のページがありませんので，「次へ」は表示されません。このため，ページをめくるたび「次へ」の有無を確認し，最終ページかどうかを判定する必要があります。この判定作業を行うのが②の if 文です。この際，取得した url には web サーバーの最初の部分である https://www.amazon.co.jp は含まれていないので結合します。なお，結合は，同型のデータのみできますので，取得した nextpage 変数を，str メソッドを使って文字列に変換して行います。

```
In   def pagination(soup):
①    nextpage=soup.find('li',{'class':'a-last'})
     if nextpage:
         url = 'https://www.amazon.co.jp' + str(nextpage.a['href'])
②       return url
     else:
         return
```

（2）繰り返し文の作成

本章でも前章同様，while 文を用いて繰り返しコードを作成します。while 文については VI 3（2）で詳しく解説しました。必要なら参照してください。無限ループの中止判定の方法が本章と異なりますが，基本的な使い方は同じです。

pagination 関数のリターン値，次ページの url がないとエラーになります。しかし，その（例外の）場合には繰り返しを中止すればよいので，次の②でみるように画面に Fin と終了することを表示させて，break メソッドを使って繰り返しを中止します。

また，データ取得の作業を高速に行うことでサーバーへの負担を強いることになるため，①では次のページに移動する直前に time.sleep メソッドを用いて0.5秒待ってから移動する設定を加えています。このため，コードの最初のところに time ライブラリをインポートしておく必要があります。

その他，コードに問題がないにもかかわらず，エラーになったりする場合がありますが，このような場合，待機時間を長くとることで改善される場合が多くあります。

```
In    while True:
        try:
          soup = getsoup(url)
          getdeals(soup)
          url = pagination(soup)
①     time.sleep(.5)

          if url:
            print(url)
            pass
        except:
②     print('Fin')
          break
```

4　main 関数化

本節でもコードを関数化して作成していますので，main 関数を加えてまとめます。main 関数については VI 3 (3) で詳しく解説しましたので，必要なら参照してください。

次に，Amazon の商品コード ASIN（<u>A</u>mazon <u>S</u>tandard <u>I</u>dentification <u>N</u>umber）について説明し商品の特定をした上で，その商品のレビューデータを収集できるコードとしてまとめることについて解説します。

（1）ASIN とは

Amazon 商品の url には，次のように日本語の商品名（①）などが入っていることが分かります。url をコピーして Web ブラウザ以外のところに貼り付けると，日本語の商品名の部分が文字化け（自動的に変換されてしまうため）してしまいます。また，とても長くなります。

①　　　　　　　　　　　　　　　　　　　　　　②
amazon.co.jp/ 【Amazon-co-jp-50P618-ネット動画対応-Android-4Kチューナー内蔵/dp/B09HQJKWFD/ref=sr

url の後半（①に続く部分）の dp/ に続く10桁のコード（②，ここでは B09HQJKWFD）を ASIN といいます。このコードは Amazon が使っている商品コードです。Amazon サイトからデータを収集する際，ASIN コードだけの短い短縮 url にして使うことができます。これにより，url をコピーして貼り付けると生じる日本語の ascii コード化（文字化け）と url が長くなることによる url の可読性が低下する問題を避けることができます。具体的な使い方は次のとおりです。

本章の例では，①の日本語の部分を削除し，「http://www.amazon.co.jp/dp/B09HQJKWFD/」のように短くなった url が使えます。

Amazon 商品の特定は，<u>http://www.amazon.co.jp/dp/ ＋ ASIN</u> でできます。

（2）User Agent

1）requests の動作確認

Web サイトによっては User Agent を含まない requests を認めない（リターン値の取得がで

きない）場合があります。この場合，requests メソッドの引数に，url に加え User Agent を追加してサーバーへの requests を行うことで，解決されたりします[8]。

①requests に対する raise_for_status のリターン値が200台以外の（リターン値が正常でない）場合
②requests のまま（止まっているようになったまま）時間がかかる（サーバーの反応がない）場合

第2部の各章で requests メソッドに続き，書き加えた raise_for_status メソッドは上記①に値するものです。

2）User Agent の確認

現在使用中の PC 環境（User Agent）を確認するためにはいくつかの方法がありますが，Web ブラウザ（本書では Chrome）から「my user agent」と入力し検索します。この方法が自分の User Agent を調べるもっとも簡単な方法です。検索結果の最初に図 VII-1 のように表示されます。これが現在の自分の User Agent です。User Agent は現在使用中の Web ブラウザなどを含む PC 環境により異なりますので，検索結果がいつも図 VII-1 と同じとは限りません。サーバーはこの内容から，OS や使用中の Web ブラウザの種別やバージョンなどのような（サーバーに request している）クライアントの PC 環境を確認し，それに適した形式のデータをリターンします。

図 VII-1　User Agent の確認

8）User Agent を追加しても解決されない場合には，別の理由でエラーになっていることが考えられます。この場合，requests に対するエラーについての詳細なリターン値（エラーの種別を知らせる数字）が返されます。raise_for_status のリターン値を確認しエラーの種別を特定した上で，対応する必要があります。この対処方法については本節の趣旨から外れてしまうため，解説は割愛します。

（3）main 関数文

　main 関数の最初の部分には繰り返し取得したデータを格納するための変数や，検索のため
の ASIN コード，サーバーへの request に必要な url や User Agent などを指定しておく必要が
あります。

　まず，収集したデータを格納するため，繰り返し文より前に review_contents 変数を作成して
おきます（review_contents=[ ]）。次に検索する商品の ASIN コードを調べて①のように
asin='B09HQJKWFD' と，ASIN コードを asin 変数に指定します。これで次の url でみるよう
に，if 文を用いて asin 変数により製品を指定することができます。

　次の②では User Agent を headers 変数として指定しています。サーバーによって User Agent
情報がないと requests に応じてもらえない場合があります。コードのテストに普段と違って時
間がかかったり，エラーになったりする場合，まず User Agent を追加して再度コードを実行し
てみることをお勧めします。多くの場合，これでデータの取得ができるようになると思います。

　ここまででデータの取得に必要な準備ができました。次は前章で試して関数化したものを使
い，データの取得を繰り返し行えるようにコードを作成していきます。

　次の③の while 文では，関数化したものを羅列しただけです。BeautifulSoup を使った html 文
の解析，詳細なデータの取得，次ページの確認と url 取得を順に行い，一定の時間（ここでは
0.5秒）の待機として time.sleep(.5) を指定しています。

　これだけでもよいですが，エラーが発生する時に備える例外処理として，try-except 文を用
いて対応しています。③ではここまでを繰り返し行うことを while 文にしています。これで，
複数ページにわたるレビュー文を収集することができますが，次の④で収集したデータをデー
タフレームに変換し，最後の⑤で変数 df を，amz_review.csv として保存しています。この際，
日本語の文字化け防止のため，encoding='utf-8-sig' と指定しています。この指定がないと Excel
などで文字化けが生じます。データフレームから csv 等のファイルに保存する際，忘れず指定
しておきましょう。これで Excel など使い慣れた各種ソフトでも取得したデータが文字化けを
起こさず，レビュー文を加工，分析することができるようになります。

　ここまでで Amazon サイトからの商品レビュー収集方法の解説は終わりです。

　なお，本章で解説しながら作成したコードは図 VII-2 のとおりです。

```
In    if __name__ == '__main__':
         review_contents = []

         # 商品のASINを貼り付ける
①        asin='B09HQJKWFD' # 50インチテレビの一例
         url = f'https://www.amazon.co.jp/product-reviews/{asin}/ref=cm_cr_getr_d_paging_b
②        headers = {'User-Agent':'Mozilla/5.0 (Windows NT 10.0; Win64; x64) AppleWebKit/537

         while True:
            try:
               soup = getsoup(url)
               getdeals(soup)
               url = pagination(soup)
               time.sleep(.5)
③
               if url:
                  print(url)
                  pass
            except:
               print('Fin')
               break

④        df = pd.DataFrame(review_contents)
         print(len(df))
         print(df.head(3))
⑤        df.to_csv('amz_review.csv',index=False, encoding='utf-8-sig')
```

図 VII-2　Amazon 商品レビュー収集の学習用コード集

```
import requests
from bs4 import BeautifulSoup
import pandas as pd
from datetime import datetime
import time

def getsoup(url):
    res = requests.get(url,headers = headers)
    res.raise_for_status
    soup = BeautifulSoup(res.text, 'html.parser')
    return soup

def pagination(soup):
    nextpage=soup.find('li',{'class':'a-last'})
    if nextpage:
        url = 'https://www.amazon.co.jp' + str(nextpage.a['href'])
        return url
    else:
        return

def getdeals(soup):
    reviews = soup.find_all('div',{'data-hook':'review'})
    for item in reviews:
        # Reviewer（例外処理不要）
        reviewer = item.find('div',{'class':'a-profile-content'}).text

        # Title（空白削除のため，strip メソッドを追加）
        try:
```

```
        title = item.find('a',{'data-hook':'review-title'}).text.strip()
    except:
        title = ''

    # rating（実数変換のため，float メソッドを追加）
    rating = float(item.find('i',{'data-hook':'review-star-rating'}).text[-3:])
    # レビュー日（テキスト型日付を取得　→　日付型に変換）
    review_date = item.find('span',{'data-hook':'review-date'}).text.split(' に ')[0]
    review_date = datetime.strptime(review_date,'%Y 年 %m 月 %d 日 ').date()

    # レビュー内容
    body = item.find('span',{'data-hook':'review-body'}).text.strip()

    rev_info = {
        'reviewer' : reviewer,
        'title' : title,
        'rating' : rating,
        'date of review' : review_date,
        'review body' : body
    }
    review_contents.append(rev_info)

if __name__ == '__main__':
    review_contents = []

    'asin='B09HQJKWFD' # 50インチテレビの一例
    url = f'https://www.amazon.co.jp/product-reviews/{asin}/ref=cm_cr_getr_d_paging_btm_prev_2?ie=UTF8
    &reviewerType=all_reviews&pageNumber=1'
    headers = {'User-Agent':'Mozilla/5.0 (Windows NT 10.0; Win64; x64) AppleWebKit/537.36 (KHTML, like
    Gecko) Chrome/111.0.0.0 Safari/537.36'}

    while True:
        try:
            soup = getsoup(url)
            getdeals(soup)
            url = pagination(soup)
            time.sleep(.5)
            if url: # （次ページの）url の有無を確認
                print(url)
                pass
        except: # 無限ループの中止
            print('Fin')
            break

    df = pd.DataFrame(review_contents)
    print(len(df)) # 収集したデータの件数を確認
    print(df.head(3)) # 収集したデータの最初の3件のみ表示
    df.to_csv('amz_review.csv',index=False, encoding='utf-8-sig') # csv ファイルとして保存
```

VIII Tripadvisor の観光地レビューの収集

Tripadvisor は世界最大の観光情報を提供するサイトで，日本に訪れる多くの外国人観光客も情報収集に利用するサイトの1つです。また，近年日本人の利用も増加しています。このように国内外の観光客による利用者が増加したことから日本人と外国人の観光地への関心を比較分析するなど，マーケティング分野への応用ができそうです。

本章では，Tripadvisor から日本人および外国人観光客による観光地に対するレビューを収集する方法を解説します。

1 url の取得

(1) html 文の構造把握

Tripadvisor の検索欄から宮島を検索すると図 VIII-1-①のように表示され，4,825件の口コミがあることが分かります。図 VIII-1-②および③から日本語の口コミが1,418件，英語の口コミが2,120件と，宮島は日本人だけではなく外国人からの関心も高いことが分かります。

図 VIII-1 Tripadvisor の検索画面

引用：Tripadvisor サイトより

　基本的に多言語で提供されるサイトの場合，言語別にサイトの構造の差はありませんが，言語ごとの表現などにかかわるタグは異なります。本章では，日本語によるレビューの収集を解説し，英文レビューの収集に必要なタグが異なる箇所について説明を加えます。

　url は Chrome の上部に表示されているものをコピーして使いますが，図 VIII-1 のように検索して表示された 1 ページの url は図 VIII-2 の 1 ページ目のとおりです。

　レビュー文が複数ページにわたり掲載されている場合，次のページをクリックすると図 VIII-2 の 2 ページ目のように Reviews の後に or 10（下線部）とあることが分かります。さらに 3 ページ目をみると or 20 になっています。このようにページを変えると，or 0 → or 10 → or 20 … と数字が 10 ずつ大きくなっていくことが分かります。つまり，レビューを収集する際，この数字を変えた url を作成し，その中にあるレビューを取得すればよいことが分かります。

図 VIII-2　Tripadvisor レビューの url

1 ページ目	https://www.tripadvisor.jp/Attraction_Review-g1022438-d1161271-Reviews-Miyajima-Hatsukaichi_Hiroshima_Prefecture_Chugoku.html
2 ページ目	https://www.tripadvisor.jp/Attraction_Review-g1022438-d1161271-Reviews-or10-Miyajima-Hatsukaichi_Hiroshima_Prefecture_Chugoku.html

（2）html 文の解析

　html 文を解析するため，必要なライブラリをインポートします。まず，html 文の解析に欠かせない bs4 と requests に加え，正規表現を用いたタグ情報の収集を予定しているので re もインポートしておきます。その他のライブラリは必要に応じその都度インポートすることにします。

```
In    # 必要なライブラリのインポート
      from bs4 import BeautifulSoup
      import requests
      import re
```

　次に，サーバーに情報をリクエストする必要がありますので requests メソッドを使いますが，その際現在使っている PC の情報（User-Agent）を含めたリクエストにする必要があります。User-Agent の必要有無と確認方法については前章で解説したので，必要なら VII 4（2）を参照してください。headers として User-Agent を追加して requests 文のコードを作成し，実行しリターン値を確認します。

```
In   headers = {'User-Agent':'Mozilla/5.0 (Windows NT 10.0; Win64; x64) AppleW
     url = 'https://www.tripadvisor.jp/Attraction_Review-g1022438-d1161271-

     res = requests.get(url,headers=headers)
     res.raise_for_status
```

```
Out  <bound method Response.raise_for_status of <Response [200]>>
```

リターン値が200なので，サーバーからの情報取得は問題なくできていることになります。
なお，ここで使った url は図 VIII-1 で検索したもので，複数ページにわたるレビューの1ページ
目の url です。

　次に①のように BeautifulSoup メソッドを用いて html 文全体を解析します。続けて，次に②
のように review ごとの情報が入っているブロックを探し，タグを指定して lists 変数として指
定します[1]。この際，'_c' の class 属性をもつ複数の div タグを探すため，find_all メソッドを使っ
ています。Tripadvisor のレビューはページごとに10件ずつ入っているので，最初のページか
ら取得できるレビューは10件になるはずです。

　次に③では取得した lists 変数の個数を確認しています。リターン値は10と，レビューの件数
と一致していますので問題なくページ内の全件のデータが取得できていると考えられますの
で，次に進んでいきます。

```
In   ①soup = BeautifulSoup(res.text,'html.parser')

     ②lists = soup.find_all('div',{'class':'_c'})
     ③print(len(lists))
```

```
Out  10
```

2　レビューデータの収集

前節でレビューをブロックごとに取得することができましたので，ここでは具体的に，レ
ビューを投稿した投稿者名（正確にはニックネーム），投稿者の居住地（正確には登録した地
域），レビュー文のタイトル，レビュー文，訪問地の評価点，訪問年月の6項目についての情報
を，適切にデータ型を変換して順に取得していきます。

　なお，レビューはページごとに10件ありますので，繰り返し文による取得作業が必要になり
ます。ここでは for 文を用いて進めていきます。

---

1)　ここまで数例でタグの調べ方を説明したので本章では取りあげていませんが，必要な箇所のタグを確認す
　る方法については V 1 を参照してください。

（1）コードの解析とデータの収集

　レビューの投稿者の名前のタグを確認すると，1件目の span タグには①～③の順で投稿者名，居住地，投稿件数が入っていることが分かります。しかし，2件目の span タグには，④投稿者名と⑤投稿件数の2つしか入っていないことが分かります。このように投稿者が一部の情報を書き込んでいない場合もあります。このため，情報を収集する際，実態の確認と工夫が必要です。情報収集に必要な内容を取りあげ順に解説します。

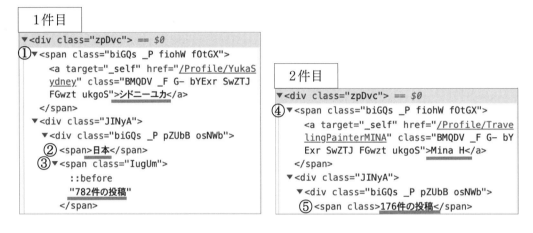

1）投稿者名の抽出

　まず，投稿者名を取得するため，ページ内のすべて（10件）のレビューを指定した lists 変数から順に取り出して list 変数に入れた上で，find_all メソッドを使いすべての span タグを探して1件目のものを［0］で指定して取得します。さらに，文字列だけを取得するために text メソッドをつけ，最後には無駄な空白など，いわゆるホワイトスペースを取り除くため，strip メソッドも加え name 変数として指定します。これで取得した投稿者名を画面表示してみると，次のとおり10件とも問題なく表示されることが確認できました。コードは正常に作動していると判断できます。

```
In    for list in lists:
          # 投稿者名
          name = list.find_all('span')[0].text.strip()
          print(name)

Out   シドニーユカ
      Min
      カ     ハラミ
      aki   o
      MIS
      ふ
      Am    ur electric guitar solo channel
      h-r   iko
      mp
      tur   N
```

2) 居住地の抽出（正規表現の応用）

　投稿者名は，前節で説明したとおり，上部コードをみると，左例では②が居住地であること
が分かります。

　lists の中から1つずつ取り出して list 変数と指定し，find_all メソッドを使い，span タグを探
して2番目のものを［1］で指定して取得します。投稿者名の取得と異なるのは span タグの順
番だけです。これを add 変数として指定しておき，画面表示させると次のとおりです。下線部
の2番目と10番目のデータには居住地情報が入っていないため，左例では居住地が3番目に
入っているものが，右例では2番目に入っているため，176件の投稿，3件の投稿が取得されて
います。

```
In    for list in lists:
          # 投稿者の居住地
          add = list.find_all('span')[1].text
          print(add)
```

```
Out   日本
      176件の投稿
      愛知県
      成田市, 千葉県
      埼玉県
      川崎市, 神奈川県
      広島市, 広島県
      兵庫県
      大阪市, 大阪府
      3件の投稿
```

　実際には，2番目と10番目の居住地にはデータが入っていませんので，空白（情報なし）と
表示するように，コードを追加します。居住地情報がない場合，居住地は「○○件の投稿」と
表示されています。このため，「○○件の投稿」と表示されるなら，空白に表示するようにコー
ドを加えるだけですが，○○の数字は投稿した件数により変わります。そこで，正規表現を使
い，「数字＋件の投稿」を探して空白にするようにコードを加えます。正規表現については IV
4で詳しく解説しましたので，必要なら参照してください。

　次に①では，「\d+（件の投稿）と1回以上の数値を表す正規表現」と「件の投稿」を組み合わ
せるコードを p 変数として指定しています[2]。②では p 変数として指定したものを，前に指定
してある居住地変数（add）から探し，新たに add_ 変数として指定しています。③では，add_
変数が空白でなければ，つまり，○○件の投稿というデータが入っているなら，居住地変数add
を空白にするように，if 文を使い判定しています。

　このように①～③を使い，正規表現で探して確認するプロセスを加えることで居住地を正し
く取得することができます。

　正規表現を加えたコードを作成し実行すると，リターン値の中に2番目と10番目の居住地が

　2）数値を表す正規表現（\d）は，Windows 環境では「¥d」と表示されますが，これは OS の仕様です。その
　　ままにしておきます。しかし，必ず半角で記述してください。

空白になっていることが分かります。このように正規表現はデータの取得にとても役に立ちますが，使い方に慣れるまでは時間がかかります。覚えるよりは，教材を参考に実際にコードを作成することがよりよい学習法と思います。

3）レビュータイトルの抽出

　レビュータイトルは，lists の中から1つずつ取り出して list 変数と指定し，find_all メソッドを使い，class 属性が yCeTE である span タグを探して1番目のものを［0］で指定して取得します。

　次でみるように yCeTE の class 属性をもつ span タグは2つあります。find メソッドを使うと最初の span タグだけが取得されるので，取得できるのはタイトルだけです。2番目のタグであるレビュー本文も取得したいので，find_all メソッドを使い，1番目をタイトルに，2番目を本文に指定することでタイトルとレビュー本文を取得できます。

　まず，タイトルを取得するため，list.find_all('span',{'class': 'yCeTE'})[0] を指定し，中の文字列を指定するために text メソッド，さらに不要な空白を取り除くために strip（）メソッドを加えて title として変数に指定します。コードを実行しリターン値を画面に表示すると，次のように10件のタイトルを確認できます。

　この例では，span タグの上位の a タグ（target 属性が _blank）を指定してもタイトルの取得はできますが，a タグを使うとレビュー本文の取得には div タグ（class 属性が biGQs _P pZUbB KxBGd）を指定することになります。この方法よりは，本節でのように span タグを，find_all メソッドを使って取得し，1番目，2番目と指定する方がより分かりやすいコードになります。このように，find と find_all を上手に使うことで，より簡単に必要な情報を取得できるようになります。タグを指定する際には，上下関係や他のタグの属性などをしっかり確認しながら行いましょう。

```
In   for list in lists:
         #レビュータイトル
         title = list.find_all('span',{'class': 'yCeTE'})[0].text.strip()
         print(title)
```

```
Out  宮島行のフェリーに乗って10分位で到着、広大な敷地に壮大な神社があり感動しまし
     た!
     大鳥居は修復中
     大きなしゃもじ
     2時間のショートステイ
     神社だけでなく、自然も魅力
     ブラブラするだけでも楽しい
     それなりに綺麗でした。
     紅葉。
     穏やかな空間と食べ歩きが楽しかった宮島観光
     自然がいっぱい
```

4）レビュー文の抽出

　レビュー文の取得は，前節同様 list 変数から span タグを指定して取得しますが，前節で説明したとおりレビュー本文は2番目のタグ内に入っています。list.find_all('span',{'class': 'yCeTE'})[1] と，2番目のものを指定し，新たに body として変数に指定します。次に，文字列および不要な空白を取り除くため，text.strip() と加えます。

　コードを実行すると次のようにレビュー文がリターンされます。ここでは一部のみ表示しましたが，読者の PC には10件のレビュー文が表示されていると思います。

```
In    for list in lists:
          #レビュー文
          body = list.find_all('span',{'class': 'yCeTE'})[1].text.strip()
          print(body)
```

```
Out   宮島行のフェリーに乗って10分位で宮島に到着しました。厳島神社の大鳥居が、工事
      中だったのは残念でしたが、海中の大鳥居から厳島神社まで、広大な敷地で、写真ス
      ポットは各所に沢山あり、途中の道端には鹿がいたりと、主人との半日観光を存分に楽し
      めました!広島観光の際には、是非とも訪れて欲しいスポットです!!
      厳島神社の大鳥居が修復中で、シートに覆われていて見ることが出来ませんでした。2
      022年末までには修復が終わる予定だそうです。
      大きな木製のしゃもじ。人気の少ない高台にあります。五重塔もよく見えるところにありま
      すので、散策にぜひ。
      今回は日程の都合で2時間ほどの滞在時間しか取れませんでした。厳島神社　大願
```

(2) データ型の変換：文字列型から実数型へ

1) 評価点の抽出

　評価点の取得は，もう少し複雑になりますが，前節同様 list 変数から svg タグを探します。コードは list.find('svg',{'class': 'UctUV d H0'}) となります。このタグの結果を確認するため，print 文の引数として渡し，画面表示してみると次のようになります。

```
In    print(list.find('svg',{'class': 'UctUV d H0'}))
```

```
Out   <svg aria-label="バブル評価 5 段階中 5.0" class="UctUV d H0" height="16"
      viewbox="0 0 128 24" width="88"><path d="M 12 0C5.388 0 0 5.388 0
      12s5.388 12 12 12 12-5.38 12-12c0-6.612-5.38-12-12-12z" transform
      =""></path><path d="M 12 0C5.388 0 0 5.388 0 12s5.388 12 12 12 12-
      5.38 12-12c0-6.612-5.38-12-12-12z" transform="translate(26 0)"></pa
      th><path d="M 12 0C5.388 0 0 5.388 0 12s5.388 12 12 12 12-5.38 12-
      12c0-6.612-5.38-12-12-12z" transform="translate(52 0)"></path><pat
      h d="M 12 0C5.388 0 0 5.388 0 12s5.388 12 12 12 12-5.38 12-12c0-6.
      612-5.38-12-12-12z" transform="translate(78 0)"></path><path d="M 1
      2 0C5.388 0 0 5.388 0 12s5.388 12 12 12 12-5.38 12-12c0-6.612-5.38
      -12-12-12z" transform="translate(104 0)"></path></svg>
```

　このように不要な部分が多く表示されますが，下線部から svg タグの aria-label 属性は「バブル評価5段階中5.0」となっていることが分かります。

　タグはさまざまな属性をもちますが，属性そのものを取得する方法は以前複数回にわたって解説しました。必要なら，V 3(6)3) や VI 2(3) などで href 属性の値である url を取得する方法を参照してください。

　属性がもつ値を取得するためには，['属性名'] と指定するだけです。上記の下線部をみると svg タグの aria-label 属性を取得すればよいことが分かります。取得し画面表示してみるため，print(list.find('svg',{'class': 'UctUV d H0'})['aria-label']) のように print メソッドの引数として渡し実行してみます。上記下線部の文字だけが抽出できていることが分かります。このように href 属性の url の取得はもちろん，その他にも属性がもつ値を抽出することができます。

```
In    print(list.find('svg',{'class': 'UctUV d H0'})['aria-label'])
```
```
Out   バブル評価 5 段階中 5.0
```

　しかし，ここで必要なのは右側の数値5.0だけです。取得した文字列のデータ形式はリスト型ですので簡単に後ろ側から3文字だけを抽出できます。これで評価点だけ取得できます。list. find('svg',{'class': 'UctUV d H0'})['aria-label'] に［-3:］を加え，後ろ側から3文字を指定します。さらに，小数点をもつ実数なので，抽出した文字列を実数に変換するため，すべてのコードを実数への変換メソッド float メソッドの引数として指定し，新たに rating 変数に指定します。確認のため画面表示してみると，次のように評価点の数値だけ10件が取得できていることを確認できます。

　ここでは，属性内のデータ取得とデータ型の変換を利用した取得を解説しました。

```
In    for list in lists:
          #レビューの評価点
          rating = float(list.find('svg',{'class': 'UctUV d H0'})['aria-label'][-3:])
          if rating ==[]:
              rating = ''
          print(rating)
```
```
Out   5.0
      4.0
      5.0
      5.0
      4.0
      5.0
      5.0
      5.0
      5.0
      5.0
```

（3）データ型の変換：文字列型から日付型へ

1）訪問日の抽出

　ここではデータを取得して日付型に変換した上で，必要な部分だけ抽出する方法を解説します。日付型の取り扱いについては，VII 2(2) で解説しました。必要なら参照してください。

　訪問日の取得は，list 変数から class 属性が RpeCd である div タグを探しだけで取得できます。結果の確認のため，print メソッドに引数として渡して実行します。

　下線部の日付に関する情報以外にも他の情報が入っていますので，ここでも正規表現を用いて抽出します。正規表現については IV 4で詳しく解説しました。また，VIII 2(3) でも日付型データの抽出を取りあげ解説しましたので，必要なら参照してください。

```
In    print(list.find('div', {'class':'RpeCd'}).text)
```
```
Out   2021年10月 ・ 一人
```

　次の①で訪問日のタグを抽出し date 変数に指定し，②で正規表現を用いてパターン（'\d{4}年 \d{2}月'）を抽出します。続けて③では日付型データがもつ年月日のうち，ここでは年月しかないため，すべてに1日と文字列をつけ加えて読み込み（date +'1日'），③では日付メソッドを用いて抽出します（datetime.strptime(date,'%Y 年 %m 月 %d 日').date() とした上で，date.strftime("%Y-%m") とし，年と月だけを抽出する）。書式については英文表記と併せて後述します（表 VIII-1 参照）。この際，空白欄については空白にしておくため，if 文で判定を行います。

　最後に，訪問日の入力がなくエラーになることへの対応として try-except 文を加えておきます。完成したコードを実行すると次のような結果が表示されます。最初の5件には，訪問日情報がないことが分かります。

```
In    for list in lists:
          # 訪問日
          try:
      ①      date = list.find('div', {'class':'RpeCd'}).text
      ②      p = re.compile('\d{4}年\d{2}月')
      ③      date = ''.join(p.findall(date))
              if date:
                  date = date + '1日'
                  date = datetime.strptime(date,'%Y年%m月%d日').date()
                  date = date.strftime("%Y-%m")
          except:
              date = ''
          print(date)
```

```
Out
      ┐
      ├─ 訪問日の記載なし
      ┘

      2021-12
      2021-11
      2021-11
      2021-11
      2021-10
```

（4）コードの関数化

　前節まで1ページを例に必要な情報の取得について解説しました。ここではすべてのページから必要な情報を取得するため，コードを関数化してまとめます。

　まず，データを収集したい url をサーバーにリクエストし，html 文全体を解析するために次のように getsoup( ) 関数を作成しました。次は，getsoup(url) 関数からリターンされた soup を引数としてそれぞれのデータの取得を行う parse(soup) 関数を指定します。

```
def getsoup(url):
    res = requests.get(url,headers=headers)
    res.raise_for_status
    soup = BeautifulSoup(res.text,'html.parser')
    return soup
```

　収集したものを辞書型データとして spot 変数にまとめ，parse 関数の外側の新たな変数 kuchikomi に保存します。このように parse 関数は取得データの保存で役割は終了しますので，リターンはありません。return は書いても書かなくてもかまいません。

```
def parse(soup):
    lists = soup.find_all('div',{'class':'_c'})

    for list in lists:
        # 投稿者名
        name = list.find_all('span')[0].text

        # 投稿者の居住地
        add = list.find_all('span')[1].text
        p = re.compile('\d+(件の投稿)')
        add_ = p.findall(add)
        if add_ != []:
            add = ''

        # レビュータイトル
        title = list.find_all('span',{'class': 'yCeTE'})[0].text.strip()

        # レビューの評価点
        rating = float(list.find('svg',{'class': 'UctUV d H0'})['aria-label'][-3:])
        if rating ==[]:
            rating = ''

        # レビュー文
        body = list.find_all('span',{'class': 'yCeTE'})[1].text.strip()

        # 訪問日の取得と日付データ(str形式)をリスト化
        try:
            date = list.find('div', {'class':'RpeCd'}).text
            p = re.compile('\d{4}年\d{2}月')
            date = ''.join(p.findall(date))
            if date:
                date = date + '1日'
                date = datetime.strptime(date,'%Y年%m月%d日').date()
                date = date.strftime("%Y-%m")
        except:
            date = ''

        # データの書き出し(辞書型)
        spot = {
        'name': name,
        'address': add,
        'title': title,
        'rating': rating,
        'date': date,
        'body': body
        }
        kuchikomi.append(spot)
```

　kuchikomi 変数に貯めたデータを csv などに変換保存するため，kuchikomi 変数を引数とする
save 関数を作成してデータを保存します。この際，指定したファイル名として保存するた
め，f 文を使います。また，日本語データを csv 形式に保存する際，文字化け防止のため，
encoding='utf-8-sig' を忘れずつけ加えておきます。

```
In   def save(kuchikomi):
       df = pd.DataFrame(kuchikomi)
       df.to_csv(f'{filename}.csv', index = False, encoding='utf-8-sig')
       print(len(df))
       print('...Fin.')
```

3　繰り返し文と main 関数化

　ここでは繰り返し文として for 文を使います。また，繰り返し回数は 10 ずつ増えていくので
9,999 と，大きい数字に指定しておきます。この条件設定より最後のページが小さいなら，999
回繰り返す途中でも繰り返しを中止します。次ページや最終ページの確認方法については，
VI 2 (3) および VII 3 (1) で詳しく解説しました。必要なら参照してください。

　このコードにより for 文を while 文のように使うことができます。while 文や for 文など，繰
り返し文については，各章の事例で取りあげ，詳しく解説しました。必要なら参照してくだ
さい。

　細かいところでは，for 文の中に，User-Agent を使うために headers 変数を，サーバーへの負
担軽減のために interval 関数で待機時間を，設定しています[3]。

　また，for 文の進行状況を確認するため，tqdm メソッドを使い繰り返すもの（ここでは range
メソッド）を引数にするよう，tqdm(range(0,9999,10)) と書き加えています。tqdm メソッド
がなくてもコードの作動に支障はありませんので不要なら外してもいいでしょう。

　続けて，for 文の中に，作業の順序どおり必要な url，html 解析用の getsoup 関数，データ取
得用の parse 関数を並べ，最終ページの判定のための if 文を加えています。次のコード文の①
では次ページを確認するため，Web ページの下部に表示されているページ番号アイコン「次
ページ」の有無を確認しています（ここでは図でみる右矢印）。次ページがなくなる（最終ペー
ジになる）と繰り返しを終了するように if 文を使ったコードを加えています。最後に kuchikomi
変数に貯めたデータを csv ファイルとして書き出すため，save 関数を加えて main 関数を作成
しました。なお，main 関数の書き方については VI 3 (3) で詳しく解説しましたので，必要な
ら参照してください。

3）Web スクレイピングは，サーバーに短時間で膨大な量のリクエストをしますので，サーバーへの負担が大
　きくなります。また，他のユーザーの利用にも速度が低下する（最悪な場合にはつながらなくなる）などの
　影響を及ぼしますので，スクレイピング速度を抑えることは Web スクレイピングを行う人のマナーともいえ
　ます。待機時間をできるだけ大きく設定した上で，スクレイピングを行ってください。

1,418件中1〜10件の結果を表示中

```
In      if __name__ == '__main__':
            headers = {'User-Agent':'Mozilla/5.0 (Windows NT 10.0; Win64; x64) AppleWel
            interval = .5
            kuchikomi= []

            # 収集結果を保存するfilename
            filename = 'miyajima_review'

            for x in tqdm(range(0,9999,10)):
                # reviewを収集するurlを貼り付けてページ番号を{x}とするf文にする
                url = f'https://www.tripadvisor.jp/Attraction_Review-g1022438-d1161271-

                # getsoup関数を呼び出し、html文を解析する
                soup = getsoup(url)

                # parse関数を呼び出し、個別データを収集する
                parse(soup)
                time.sleep(interval)

①          # 次ページの有無確認
            if not soup.find('a',{'aria-label':'Next page'}):
                break
            else:
                pass

            # save関数を呼び出し、収集したデータを保存する
            save(kuchikomi)
```

4　繰り返し文の変更（for 文から while 文へ）

（1）次ページの有無確認と url の取得

　繰り返し文については前節まで for 文と while 文を交互に取りあげ，使い方を解説しました。コード作成の難易度は変わりますが，多くの場合，どちらを使っても問題になることはありません。Web スクレイピングを使いこなすためには，両者を自由に使えるようスキルをしっかり身につけておいた方がよいでしょう。

　ここでは，for 文を使った繰り返し文を，while 文に変えてデータを取得することを解説します。繰り返し文を変えるだけですので，これまで作成したコードを修正することはほとんどありません。

　while 文では，現在のページで処理が終わると，次ページの url をもとに html を取得して解析し，処理をすることを繰り返します。このため，次ページの url を取得するため，前節でみ

たように「次のページ」アイコンの要素を調べる必要があります。図の下線部のように次ページの url が入っていることが分かります。

```
▶ <a class="BrOJk u j z _F wSSLS tIqAi un
  MkR" data-smoke-attr="pagination-next-a
  rrow" aria-label="Next page" href="/Att
  raction_Review-g1022438-d1161271-Review
  s-or20-Miyajima-Hatsukaichi_Hiroshima_P
  refecture_Chugoku.html"> ⋯ </a>  flex
```

　ここでは，pagination 関数として作成しておきます。html 文を解析する関数のリターン値が soup ですので，次ページ情報を取得する pagination 関数の引数として指定します。関数の内容はとてもシンプルで，①のように前ページでみるように次ページの url を取得するため，該当タグを nextpage 変数として指定します。

　次は②のように nextpage 変数の有無を確認し，あれば url をリターンしますが，なければリターン値はありません。

```
In    def pagination (soup):
    ①  nextpage = soup.find('a',{'aria-label':'Next page'})
        if nextpage:
           url = 'https://www.tripadvisor.jp' + str(nextpage['href'])
    ②     return url
        else:
           return
```

（2）main 関数の作成

　main 関数の作成は main 関数の中で，前節で作成した関数を作業順に並べるだけですが，繰り返し作業は while 文を使うことになりますので，注意して書く必要があります。

　ライブラリのインポートなどは変わりません。また，headers，url などの各種設定も変わりません。続いて繰り返す作業を，while True: の後に並べていくだけです。

　はじめに，html 文の解析が必要ですので，①のように soup 変数に getsoup 関数を指定します。次に解析した html 文が入っている soup 変数から必要な情報を取得する parse 関数を指定します。これで最初のページのデータ取得ができました。

　あとは，③のように次のページの有無を確認し，次のページがあればその url を取得するため，pagination 関数を url 変数に指定しておきます。次に④では確認のため url を画面表示しています。①〜④までの作業が終わったら，③で取得した次ページの url を①に代入して繰り返します。この作業を最後のページまで繰り返すことになります。最後のページになるとエラー（例外）発生となり，繰り返しが終了することになります。また，エラー（例外）処理のため，try-except 文で囲んであります。繰り返してデータの取得が終わると，kuchikomi 変数に貯め込んだデータを csv 形式ファイルとして保存し，全行程が終了します。

　以上，while 文を用いるコードを解説しましたが，次の図の枠線の中の部分にあたります。for 文とほとんど変わらないことが分かります。ここで解説した for 文と while 文の違いを

理解し，読者の好みに合うものを使っていけば，より効率よいコードの作成ができると思います。

```
if __name__ == '__main__':
    headers = {'User-Agent':'Mozilla/5.0 (Windows NT 10.0; Win64; x64) AppleWek
    url = 'https://www.tripadvisor.jp/Attraction_Review-g1022438-d1161271-Re

    interval = .5
    kuchikomi= []

    # 収集結果を保存するfilename
    filename = 'miyajima_review'

    while True:
        try:
            # getsoup関数を呼び出してhtml文を解析する
         ① soup = getsoup(url)

            # parse関数を呼び出して個別データを収集する
         ② parse(soup)

         ③ url = pagination(soup)
            time.sleep(interval)
         ④ if url:
                print(url)
                pass
        except:
            print('Fin')
            break

    # save関数を呼び出して収集したデータをcsv形式のファイルに書き出す
    save(kuchikomi)
```

5　英文レビューの収集

　ここまでTripadvisor の日本語レビューの収集について解説しました。ここでは英文レビューの収集について解説します。

　日本語の Web ページも英語の Web ページも基本的にその構造は変わりませんが，英語独特な表現（書き方）があるため，タグが異なる箇所が出てきます。例えば，ここで取りあげる日付などがあります。日本語表記の1月1日は英語表記では01 Jan（January）などで表記します。

　このため，日付データを収集する場合，日本語表記のデータを収集するタグをそのまま使うと，エラーになったり，収集されたデータの意味が分からないことになってしまったりしますので，英語表記に合わせて正規表現や datetime 内での表記などを適宜修正する必要があります。本章の例では評価点と訪問日の収集にかかわるコードの修正になりますが，この修正で英文レビューの収集も簡単にできるようになります。

　まず，英文レビューを表示する必要があります。日本語で表示されているレビュー文の上部に表示されている言語から英語を選択することもできますが，データの収集には英文サーバー

を選択する方がよいでしょう。このため，url（www.tripadvisor.jp…）の日本を表す jp を com に書き換え，www.tripadvisor.com にします。これだけで Web ブラウザから英文のレビュー文を優先表示するように変わります。もちろん，コード文に用いる url も，この英文用 url をコピーし貼り付けて変更します。これで準備が終わりました。あとは，先述した2箇所のコード修正を取りあげ解説していきます。

（1）評価点の取得コード修正

　英文レビューのサイトから評価点の要素を検索してみると図の下線部のように評価点が確認できます。日本語の評価点（VIII 2（2）1）は「バブル評価5段階中5.0」のように表記されているのに対し，英語の評価点は「5.0 of 5 bubbles」と書き方が異なることが分かります。

```
▶<svg class="UctUV d H0" viewBox="0 0
128 24" width="88" height="16" aria-
label="5.0 of 5 bubbles">⋯</svg>
```

　タグや属性は aria-label 属性をもつ svg タグとなっていることから，日本語と同じものを使っていることが確認できましたので，修正の必要はありません。

　次に，日本語の場合，「バブル評価5段階中5.0」となっています。このため，語尾から3文字を取得する必要があります。コードは［'aria-label'］［-3:］と，後ろ側から3文字を取得するように書きました。しかし，英語の場合，5.0 of 5 bubbles となっていますので，前から3文字を取得しなければなりません。このため，次の下線部でみるように［'aria-label'］［:3］と修正します。

```
# レビューの評価点
rating = float(list.find('svg',{'class': 'UctUV d H0'})['aria-label'][:3])
if rating ==[]:
    rating = ''
```

（2）訪問日の取得コード修正

　日本語表記の訪問日の表記は2021年7月となっていますが，英文表記では Jul 2021 のようになっています（<div class="RpeCd">Jul 2021</div>）。

　正規表現を使い，月を表す文字列3文字と年を表す数字4文字を取得するよう修正します（①）。

　次は，datetime メソッド内の strptime（取得する形式）を②のように修正します。取得した datetime を，出力書式をコントロールできる strftime メソッドを使い，③のように修正します。

```
In    # 訪問日の取得と日付データ(str形式)をリスト化
      try:
         date = list.find('div', {'class':'RpeCd'}).text
         p = re.compile('\w{3} \d{4}')①
         date = ''.join(p.findall(date))
         if date:
            date = '01 ' + date
            date = datetime.strptime(date,'%d %b %Y').date()
            date = date.strftime("%Y-%m")    ②
      except:                             ③
         date = ''
```

　また，日本語の訪問日においても同じですが，年と月の情報だけが入っていますので，01と
ダミーの日付をつけ加えています。最後は日付データがないので，エラーになることを防ぐた
め，エラー処理として try-except 文を加えて完了です。

　なお，datetime メソッド日付や曜日，時刻などの書き方は表 VIII-1 のとおりです。

表 VIII-1　datetime の表記書式一覧

書式	意味	使用例
%Y	西暦 4 桁	2023
%y	西暦下 2 桁	23
%m	月（01〜12）	04
%B	英語表記の月	April
%b	英語表記の月（省略形）	Apr
%d	日（01〜31）	31
%w	曜日（0〜6で表示）	0: 月 , 1: 火 , 2: 水 , 3: 木 , 4: 金 , 5: 土 , 6: 日
%A	英語表記の曜日	Monday
%a	英語表記の曜日（省略形）	Mon
%H	時（24 時間表示）	
%h	時（12 時間表示）	
%M	分（00〜59）	
%S	秒（00〜59）	
%p	AM，PM	

（3）英文レビュー用の parse 関数コード

　ここまでで説明した他，投稿件数「○○件の投稿」は「○○ contributions」と表記されてい
ますので，「件の投稿」を「contributions」に修正します。この 3 箇所のコードを修正した parse
関数は次のとおりです。

```
In    def parse(soup):
         lists = soup.find_all('div',{'class':'_c'})
         for list in lists:
            # 投稿者名
            name = list.find_all('span')[0].text

            # 投稿者の居住地
          ┌ add = list.find_all('span')[1].text
          │ p = re.compile('\d+( contributions)')
          └ add_ = p.findall(add)
            if add_ != []:
               add = ''

            #レビュータイトル
            title = list.find_all('span',{'class': 'yCeTE'})[0].text.strip()

            #レビューの評価点
          ┌ rating = float(list.find('svg',{'class': 'UctUV d H0'})['aria-label'][:3])
          │ if rating ==[]:
          └    rating = ''

            #レビュー文
            body = list.find_all('span',{'class': 'yCeTE'})[1].text.strip()

            # 訪問日の取得と日付データ(str形式)をリスト化
          ┌ try:
          │    date = list.find('div', {'class':'RpeCd'}).text
          │    p = re.compile('\w{3} \d{4}')
          │    date = ''.join(p.findall(date))
          │    if date:
          │       date = '01 ' + date
          │       date = datetime.strptime(date,'%d %b %Y').date()
          │       date = date.strftime("%Y-%m")
          │ except:
          └    date = ''

            # データの書き出し(辞書型)
            spot = {
               'name': name,
               'address': add,
               'title': title,
               'rating': rating,
               'date': date,
               'body': body
            }
            kuchikomi.append(spot)
```

　ここまで Tripadvisor の日本語および英語レビューの収集を例に，for 文と while 文を使った解説をしました。また，言語が異なるサイトからのデータ収集を取りあげ解説しました。ここで取りあげたコードを図 VIII-3〜VIII-5 のようにまとめてありますので，学習の参考にしてください。

図 VIII-3　Tripadvisor レビュー収集の学習用コード集（for 文による繰り返しコードの利用例）

```python
from bs4 import BeautifulSoup
import requests
import re
from datetime import datetime
from tqdm import tqdm
import time
import pandas as pd


def getsoup(url):
    res = requests.get(url,headers=headers)
    res.raise_for_status
    soup = BeautifulSoup(res.text,'html.parser')
    return soup


def parse(soup):
    lists = soup.find_all('div',{'class':'_c'})

    for list in lists:
        # 投稿者名
        name = list.find_all('span')[0].text

        # 投稿者の居住地
        add = list.find_all('span')[1].text
        p = re.compile('\d+( 件の投稿 )')
        add_ = p.findall(add)
        if add_ != []:
            add = ''

        # レビュータイトル
        title = list.find_all('span',{'class': 'yCeTE'})[0].text.strip()

        # レビューの評価点
        rating = float(list.find('svg',{'class': 'UctUV d H0'})['aria-label'][-3:])
        if rating ==[]:
            rating = ''

        # レビュー文
        body = list.find_all('span',{'class': 'yCeTE'})[1].text.strip()

        # 訪問日の取得と日付データ（str 形式）をリスト化
        try:
            date = list.find('div', {'class':'RpeCd'}).text
            p = re.compile('\d{4} 年 \d{2} 月 ')
            date = ''.join(p.findall(date))
            if date:
                date = date + '1日 '
                date = datetime.strptime(date,'%Y 年 %m 月 %d 日 ').date()
                date = date.strftime("%Y-%m")
        except:
            date = ''
```

```
    # データの書き出し（辞書型）
    spot = {
        'name': name,
        'address': add,
        'title': title,
        'rating': rating,
        'date': date,
        'body': body}
    kuchikomi.append(spot)


def save(kuchikomi):
    df = pd.DataFrame(kuchikomi)
    df.to_csv(f'{filename}.csv', index = False, encoding='utf-8-sig')
    print(len(df))
    print('...Fin.')


if __name__ == '__main__':
    headers = {'User-Agent':'Mozilla/5.0 (Windows NT 10.0; Win64; x64) AppleWebKit/537.36 (KHTML, like
    Gecko) Chrome/110.0.0.0 Safari/537.36'}
    interval = .5
    kuchikomi= []

    # 収集結果を保存する filename
    filename = 'miyajima_review'

    for x in tqdm(range(0,9999,10)):
        # review を収集する url を貼り付けてページ番号を ｛x｝ とする f 文にする
        url = f'https://www.tripadvisor.jp/Attraction_Review-g1022438-d1161271-Reviews-or{x}-Miyajima-
        Hatsukaichi_Hiroshima_Prefecture_Chugoku.html'

        # getsoup 関数を呼び出し，html 文を解析する
        soup = getsoup(url)

        # parse 関数を呼び出し，個別データを収集する
        parse(soup)
        time.sleep(interval)

        # 次ページの有無確認
        if not soup.find('a',{'aria-label':'Next page'}):
            break
        else:
            pass

    # save 関数を呼び出し，収集したデータを保存する
    save(kuchikomi)
```

図 VIII-4　Tripadvisor レビュー収集の学習用コード集（While 文による繰り返しコードの利用例）

```python
from bs4 import BeautifulSoup
import requests
import re
from datetime import datetime
from tqdm import tqdm
import time
import pandas as pd


def getsoup(url):
    res = requests.get(url, headers = headers)
    res.raise_for_status
    soup = BeautifulSoup(res.text,'html.parser')
    return soup


def parse(soup):
    lists = soup.find_all('div',{'class':'_c'})

    for list in lists:
        # 投稿者名
        name = list.find_all('span')[0].text

        # 投稿者の居住地
        add = list.find_all('span')[1].text
        p = re.compile('\d+( 件の投稿 )')
        add_ = p.findall(add)
        if add_ != []:
            add = ''

        # レビュータイトル
        title = list.find_all('span',{'class': 'yCeTE'})[0].text.strip()

        # レビューの評価点
        rating = float(list.find('svg',{'class': 'UctUV d H0'})['aria-label'][-3:])
        if rating ==[]:
            rating = ''

        # レビュー文
        body = list.find_all('span',{'class': 'yCeTE'})[1].text.strip()

        # 訪問日の取得と日付データ（str 形式）をリスト化
        try:
            date = list.find('div', {'class':'RpeCd'}).text
            p = re.compile('\d{4} 年 \d{2} 月 ')
            date = ''.join(p.findall(date))
            if date:
                date = date + '1日 '
                date = datetime.strptime(date,'%Y 年 %m 月 %d 日 ').date()
                date = date.strftime("%Y-%m")
        except:
            date = ''
```

```
        # データの書き出し（辞書型）
        spot = {
        'name': name,
        'address': add,
        'title': title,
        'rating': rating,
        'date': date,
        'body': body
        }
        kuchikomi.append(spot)


def pagination (soup):
    nextpage = soup.find('a',{'aria-label':'Next page'})
    if nextpage:
        url = 'https://www.tripadvisor.jp' + str(nextpage['href'])
        return url
    else:
        return


def save(kuchikomi):
    df = pd.DataFrame(kuchikomi)
    df.to_csv(f'{filename}.csv', index = False, encoding='utf-8-sig')
    print(len(df))


if __name__ == '__main__':
    headers = {'User-Agent':'Mozilla/5.0 (Windows NT 10.0; Win64; x64) AppleWebKit/537.36 (KHTML, like
    Gecko) Chrome/110.0.0.0 Safari/537.36'}
    url = 'https://www.tripadvisor.jp/Attraction_Review-g1022438-d1161271-Reviews-Miyajima-Hatsukaichi_
    Hiroshima_Prefecture_Chugoku.html'

    interval = .5
    kuchikomi= []

    # 収集結果を保存する filename
    filename = 'miyajima_review'

    while True:
        try:
            # getsoup 関数を呼び出して html 文を解析する
            soup = getsoup(url)

            # parse 関数を呼び出して個別データを収集する
            parse(soup)

            url = pagination(soup)
            time.sleep(interval)
            if url:
                print(url)
                pass
        except:
            print('Fin')
            break
```

```
# save 関数を呼び出して収集したデータを csv 形式のファイルに書き出す
save(kuchikomi)
```

図 VIII-5　Tripadvisor 英文レビュー収集の学習用コード集（while 文の利用例）

```python
from bs4 import BeautifulSoup
import requests
import re
from datetime import datetime
from tqdm import tqdm
import time
import pandas as pd


def getsoup(url):
    res = requests.get(url, headers = headers)
    res.raise_for_status
    soup = BeautifulSoup(res.text,'html.parser')
    return soup

def parse(soup):
    lists = soup.find_all('div',{'class':'_c'})
    for list in lists:
        # 投稿者名
        name = list.find_all('span')[0].text

        # 投稿者の居住地
        add = list.find_all('span')[1].text
        p = re.compile('\d+( contributions)')
        add_ = p.findall(add)
        if add_ != []:
            add = ''

        # レビュータイトル
        title = list.find_all('span',{'class': 'yCeTE'})[0].text.strip()

        # レビューの評価点
        rating = float(list.find('svg',{'class': 'UctUV d H0'})['aria-label'][:3])
        if rating ==[]:
            rating = ''

        # レビュー文
        body = list.find_all('span',{'class': 'yCeTE'})[1].text.strip()

        # 訪問日の取得と日付データ（str 形式）をリスト化
        try:
            date = list.find('div', {'class':'RpeCd'}).text
            p = re.compile('\w{3} \d{4}')
            date = ''.join(p.findall(date))
            if date:
                date = '01 ' + date
                date = datetime.strptime(date,'%d %b %Y').date()
                date = date.strftime("%Y-%m")
        except:
```

```
        date = ''

    # データの書き出し（辞書型）
    spot = {
        'name': name,
        'address': add,
        'title': title,
        'rating': rating,
        'date': date,
        'body': body
    }
    kuchikomi.append(spot)


def pagination (soup):
    nextpage = soup.find('a',{'aria-label':'Next page'})
    if nextpage:
        url = 'https://www.tripadvisor.com' + str(nextpage['href'])
        return url
    else:
        return


def save(kuchikomi):
    df = pd.DataFrame(kuchikomi)
    df.to_csv(f'{filename}_eng.csv', index = False, encoding='utf-8-sig')
    print(len(df))


if __name__ == '__main__':
    headers = {'User-Agent':'Mozilla/5.0 (Windows NT 10.0; Win64; x64) AppleWebKit/537.36 (KHTML, like
Gecko) Chrome/110.0.0.0 Safari/537.36'}
    url = 'https://www.tripadvisor.com/Attraction_Review-g1022438-d1161271-Reviews-Miyajima-
Hatsukaichi_Hiroshima_Prefecture_Chugoku.html'

    interval = 1.0
    kuchikomi= []

    # 収集結果を保存する filename
    filename = 'miyajima_review'

    while True:
        try:
            # getsoup 関数を呼び出して html 文を解析する
            soup = getsoup(url)

            # parse 関数を呼び出して個別データを収集する
            parse(soup)

            url = pagination(soup)
            time.sleep(interval)
            if url:
                print(url)
                pass
        except:
```

```
    print('Fin')
    break
```

```
# save 関数を呼び出して収集したデータを csv 形式のファイルに書き出す
save(kuchikomi)
```

IX 楽天トラベルの宿泊施設情報の収集

本章では Web サーバー側が提供する，いわゆる API サービスを利用して情報を収集する方法を解説します。この方法は，サーバー側が API サービスを提供することが前提になりますが，効率よくデータ収集ができます。

1 API

（1）API とは

API とは <u>A</u>pplication <u>P</u>rogramming <u>I</u>nterface の略称で，Web サーバーとプログラムをつなぐインターフェースのことです。例えば，楽天トラベルの Web サーバーとそれを利用するためにデータを収集するプログラムをつなぐインターフェースをいいます。サーバーからのデータ収集はインターフェースを介し行うため，インターフェースに決められたルールに合わせてリクエストする必要があります。したがって，本章で取りあげる楽天 API を利用するためには，楽天サイトの API ルールを理解する必要があります。また，API を利用するため，楽天 ID を取得する必要があります。

（2）楽天アプリ ID の取得（発行）

Google などから楽天 API を検索すると，図 IX-1 のように最初に Rakuten Webservice と表示されますのでクリックして次に進みます。Rakuten Webservice サイトが表示され，右上部に「＋アプリ ID 発行」とあることを確認し，クリックして表示に従い，楽天会員登録を行います。

図 IX-1　楽天 API の検索

なお，ここでは登録方法の説明は割愛します。

　会員登録が終わったら，［アプリ ID 発行］をクリックしてログインします。ログインできると新規アプリ登録と表示されますので利用規約などを一読した上で，必須項目（アプリ名，アプリ url および認証）を記入し，下部の［規約に同意して新規アプリを作成］をクリックします。この際，アプリ名とアプリ url は任意のものでかまいませんので，お好みの名称や url を入力します。ここでは順に hotel information, https://hotelinformation.co.jp と入力しました。また，認証のため，画像に表示されている文字を入力しますが，入力に間違いがあれば確認して再入力するように警告が表示されますので，指示に従って進めていきます。

　問題なく認証されたら「創作成功」と表示され，アプリ ID，アフィリエイト IDEA，コールバック可能ドメインなどを確認できます。アプリ ID はこれから必要になりますので控えておきます。

2　json 形式のデータの取り扱い

　本題に入る前に，データの取得に用いる json というデータの形式について基本的なことを解説します。

（1）json 形式とは

　json（Java Script Object Notation）とは，データを記述する形式の一種で，JavaScript で定義されたものです。データを記述する形式には csv 形式という，データをコンマで区切って表現するとてもシンプルで分かりやすい方法がありますが，この csv 方法では階層化された複雑なデータの表現をすることが難しくなります。データベース化した大量のデータの場合，このような問題から csv 形式に代わる別の形式が使われています。代表的なものに json や xml などの形式があげられます。なかでもとても分かりやすく広く使われているのが json 形式です。json 形式はシンプルで覚えやすく使いやすいため，JavaScript はもちろん，Python，R などさまざまなプログラミング言語などで広く使われています。

（2）json 形式の書き方

　json の書き方は，波カッコといわれる「{」と「}」の中に "key" と "value" を：（コロン）で区切って書きます。また，データの数が増えれば，{"key0":"value0", "key1":"value1", "key2": "value2",…} のように記述していきます。これでは分かりにくいため，実際には，改行を加えて表 IX-1 のように記述していきます。

　また，value として使えるのは，文字・数字・null（データなし）・bull（true または "value2",…] のように配列（array）として並べていきます。このように，json の形式は，III 2 で概説した辞書型によく似ていることが分かります。本書の読者にとっても json 形式は簡単に慣れていく形式であると思います。

表 IX-1　json 形式の書き方

書き方	記述例

{
"key0" : "value0",
"key1" : "value1",
"key2" : "value2",
…
}
	{
	"store_name" : " コンビニエンスストア〇〇店 ",
	"category" : " セブンイレブン ",
	"telephone" : "03-1234-5678",
	…
	}

3　楽天トラベル地区コードの収集

（1）楽天トラベル地区コード API

　ここからは楽天トラベル系 API に掲載されている楽天トラベル地区コード API を用いて地域コードを取得する方法を解説します。このため，先述の Rakuten Webservice の上部にある API 一覧をクリックし，楽天 API 一覧サイトに進みます[1]。

　左側には楽天が提供する各種 API が並んでいます。必要な API （ここでは［楽天トラベル地区コード API]）をクリックします。右側に API の詳細が表示されます。上部には API を使うためのリクエスト url の書き方を説明する文字アイコンが表示されます。クリックして内容を確認してください。具体的な書き方を確認するため，右上部の［API テストフォーム→］をクリックします。

　リクエストする際に必要な項目などの設定を指定してリターンされる内容を確認（テスト）することが事例を通して確認できます。

　楽天 API にはサーバーから変換されるデータの形式を指摘できます。はじめに「返却形式」を json に指定します。続いて，「アプリ ID」を指定します。デフォルトのままでも，すでにアプリ ID を持っているなら，それを指定してもかまいません。

　それぞれの項目の指定は「URL」に，？に続き format=json と applicationID= 〇〇〇と反映されていることが分かります。

　最後にリクエストする送信形式を選択しますが，デフォルトで「GET」となっていますので，そのままクリックします。このクリックで，楽天トラベルサーバーに地域コードを送ってもらえるようにリクエスト（送信）します。

> 必要項目の書き方（指定方法）は次のとおりです。
> 最初に「?」と指定し，次に「項目名 = 〇〇〇」と続けて書くだけです。
> この際，複数の項目が続く場合は「&」でつなぎます。

---

[1] 本節の解説に用いる API を使用するためには楽天 ID およびアプリ ID の取得が必要です。ここでは，両者の取得済みを前提に解説を進めていきます。必要なら前節を参考に取得してください。

図 IX-2　楽天地域コードのリターン値

```
 1.  {
 2.    "areaClasses": {
 3.      "largeClasses": [
 4.        {
 5.          "largeClass": [
 6.            {
 7.              "largeClassCode": "japan",
 8.              "largeClassName": "日本"
 9.            },
10.            {
11.              "middleClasses": [
12.                {
13.                  "middleClass": [
14.                    {
15.                      "middleClassCode": "hokkaido",
16.                      "middleClassName": "北海道"
17.                    },
```

　サーバーから，ここまで設定した内容を反映したリターン値が変換されます。リターン値は図 IX-2 のとおりですが，波カッコ（{}）で区切られており，前節で解説した json 形式のデータであることが分かります。また，角カッコ（[]）も確認でき，複数のデータがリスト形式で入っていることが分かります[2]。スクロールしてみると，リターン値は北海道から沖縄県までの地区コードであることが分かります。このように簡単な設定でサーバーからデータを取得することができます。取得できたら，次は，分かりやすい形式に変換したり，データを保存したりして必要な作業を行います。

（2）地区コードの取得

　ここまでの API 設定についての説明をもとに，Python コードを書いていきます。

　最初に，必要なライブラリをインポートします。ここで必要なライブラリは requests だけです。

　次に，リクエストサイトの url に次を参考に，［parameter］の前まで（基本 url）を指定します。その他に指定が必要な項目やパラメータはまとめて別途指定していきます。さらに，アプリ ID を API_ID として読み込んでいます。

```
In    import requests

      url = 'https://app.rakuten.co.jp/services/api/Travel/GetAreaClass/20131024'
      API_ID = '1                              '
```

　パラメータの指定は前節で url の中に続き書きしたものを別途まとめて指定するだけです。前節ではアプリ ID（デフォルト値の使用も含む）と返却形式はクリックによる選択でしたが，

　2）データが複数個になるとリスト形式で表記されるため，角カッコで囲まれることになります。このため，リスト形式になっている際の抽出には掲載順番を指定する必要があります。

ここではコードを書いてパラメータとして指定します。

　指定は辞書型で行い，params と変数として指定します。辞書型で指定する必要がありますので波カッコの中に並べて書きますが，視認性を考え項目ごとに改行して次のように記述します。

```
In   params = {
         'applicationId': API_ID,
         'format': 'json',
     }
```

　このように指定するパラメータをまとめ，変数として指定する場合，requests メソッドの記述の引数として次の①のように url と併せて設定用パラメータ（ここでは params）も一緒に指定します。

　前節までで解説した通常の html 文では，BeautifulSoup ライブラリを使い解析した上で，タグを指定して該当するタグ内の情報を取得しました。ここでは API を用いてサーバーにリクエストし，json 形式のデータでリターンしてもらいますので，タグをみつけて指定するなどの煩わしいことは必要ありません。

　データ抽出に必要な作業は，まず①で json 形式のデータを読み込み，次に②で classcode と変数指定するだけです。実行結果は次のとおりで，前節の url に続き書き形式で取得したテストのリターン値と同じ結果であることが分かります。

　データの取得はこれで完了ですが，このままでは使い勝手が悪いため，一般的な表としても使える csv 形式に変換する必要があります。

```
In  ①res = requests.get(url,params)
    ②classcode = res.json()
     classcode

Out  {'areaClasses': {'largeClasses': [{'largeClass': [{'largeClassCode': 'japan',
        'largeClassName': '日本'},
       {'middleClasses': [{'middleClass': [{'middleClassCode': 'hokkaido',
         'middleClassName': '北海道'},
        {'smallClasses': [{'smallClass': [{'smallClassCode': 'sapporo',
          'smallClassName': '札幌'},
         {'detailClasses': [{'detailClass': {'detailClassCode': 'A',
           'detailClassName': '札幌・新札幌・琴似'}},
          {'detailClass': {'detailClassCode': 'B',
           'detailClassName': '大通公園・時計台・狸小路'}},
          {'detailClass': {'detailClassCode': 'C',
           'detailClassName': 'すすきの・中島公園'}}]}]}]},
        {'smallClass': [{'smallClassCode': 'jozankei',
          'smallClassName': '定山渓'}]},
        {'smallClass': [{'smallClassCode': 'wakkanai',
          'smallClassName': '稚内・留萌・利尻・礼文'}]},
```

　ここからは取得した json データの取り扱いについての解説を進めていきます。

　前節で説明した楽天地域コード API ページをスクロールダウンすると，出力パラメータが確

認できます。日本全国を大・中・小・細に4区分し，それぞれをコードで記入する際の表記，いわゆるパラメータの表記の詳細についての説明があります。これらのパラメータを用いた際のサーバーからリターンされるデータの詳細が分かりますので，内容をみておく必要があります。確認しても内容を理解するまでには至らないかもしれませんが，コードを書いて実行してみれば，直感的に分かるようになると思います。ここでは，ひとまず確認程度にしておきます。

　地域コードの構造を分かりやすく説明すると，次のとおりです。

　最初の areaClasses には largeClasses が1つあります。その中には largeClass というものがあり，'largeClassCode' : 'japan'，'largeClassName' : '日本' というデータが入っています。

　次に，middleClasses とあります。middleClasses には middleClass があり，'middle ClassCode' : 'hokkaido'，'middle ClassName' : '北海道' というデータが入っています。このデータは都道府県を示すもので複数入っており，角カッコ（[ ]）で囲み，リスト形式で記述しています。middleClass は都道府県についてのデータなので47個になります。

　さらに，その中にある smallClasses も複数箇所を取りあげているため，角カッコを用いて羅列（リスト形式で記述）してあります。基本的な構造は次のとおりですが，複数ある場合にはリスト形式で記述していることが分かりました。すでに前章で説明しましたが，リスト形式のデータを取得する際は，1番目，2番目のように順番を指定して取得します。

　図 IX-3 は classcode = res.json() と json 解析をした上で，変数に指定した classcode 文の構造です。この構造を参考に各 Class データを取り出していきます。

1）largeClass

largeClasses は，図 IX-3をみると classcode 変数の中の areaClasses の中に入っていることが分かります。largeClasses の指定は，classcode['areaClasses'] とします。classcode の中の areaClasses という要素になりますが，構造から1つ（japan）しかないことが分かります。

図 IX-3　楽天トラベルの json 文の構造

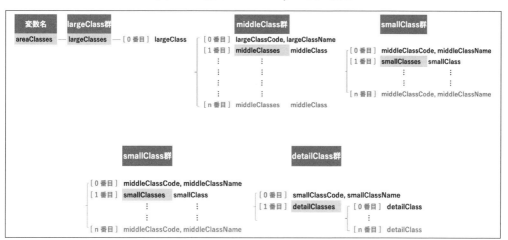

　さらに，largeClass の指定は largeClasses の中に入っていることが分かります。しかし，構造をみると，largeClasses には largeClass の他に middleClasses も入っていることが分かります。また，classcode 変数の画面表示図をよくみると，次のようにリスト形式のデータを並べる際に使う角カッコで包んであることが分かります。

　このようなリストデータを指定（読み出す）する場合，何番目にあるデータかを指定する必要があります[3]。

{'areaClasses':{'largeClasses':[{'largeClass': …
　　　　　　　　　　　　　↑
　　　　　角カッコの中に入っている（右の］は省略）

　ここでは，classcode['areaClasses']['largeClasses'][0] または classcode['areaClasses']['largeClasses'][0]['largeClass'] と指定します。この文を実行すると，図 IX-3 で分かるように largeClasses に largeClass と middleClasses が入っているので，両者を取り出すことになります。そこで，最初（0番目）にある largeClass だけを取り出したい場合はリスト形式のデータなので，前のコード文に続き，[0] と0番目を指定します。

　これで次のように largeClass にかかわる largeClassCode と largeClassName が取得できます。これで largeClass 情報が取得できるので largecode 変数に指定しておきます。

```
In    largecode = classcode['areaClasses']['largeClasses'][0]['largeClass'][0]
      largecode
```

```
Out   {'largeClassCode': 'japan', 'largeClassName': '日本'}
```

2）middleClass

　middleClasses は図 IX-3 でみたように largeClass の1番目にあたりますので，classcode['areaClasses']['largeClasses'][0]['largeClass'][1][middleClasses] と最後のリスト内の位置を指定するだけで middleClass 群を取得することができます。middleClass は都道府県のコードと名称なのでここでは pref と変数指定します。実行した結果は次のとおりです。最初の値は北海道であることが分かります。

　また，リスト形式であるため，prefecture[0]，prefecture[1]，…，prefecture[46]，のように何番目のデータかを指定することで特定の都道府県の情報の表示や取得ができるようになります。リターン値は次の図で確認できるように辞書型なので，[middleClass] をつけて辞書型のデータの中のリスト型データを取得します。

3）データ形式についての詳しい説明は III 2 を参照してください。

```
In    pref = classcode['areaClasses']['largeClasses'][0]['largeClass'][1]['middleClasses']
      pref[0]['middleClass']
```

```
Out   [{'middleClassCode': 'hokkaido', 'middleClassName': '北海道'},
       {'smallClasses': [{'smallClass': [{'smallClassCode': 'sapporo',
         'smallClassName': '札幌'},
        {'detailClasses': [{'detailClass': {'detailClassCode': 'A',
          'detailClassName': '札幌・新札幌・琴似'}},
         {'detailClass': {'detailClassCode': 'B',
          'detailClassName': '大通公園・時計台・狸小路'}},
         {'detailClass': {'detailClassCode': 'C',
          'detailClassName': 'すすきの・中島公園'}}]}]},
       {'smallClass': [{'smallClassCode': 'jozankei', 'smallClassName': '定山渓'}]},
       {'smallClass': [{'smallClassCode': 'wakkanai',
         'smallClassName': '稚内・留萌・利尻・礼文'}]},
```

```
In    pref[0]
```

```
Out   {'middleClass': [{'middleClassCode': 'hokkaido', 'middleClassName': '北海道'},
```

```
In    pref[0]['middleClass']
```

```
Out   [{'middleClassCode': 'hokkaido', 'middleClassName': '北海道'},
```

最後に pref[0] を pref[46] に変え，沖縄県のデータを取得してみると次のとおりです。

```
In    pref[46]['middleClass']
```

```
Out   [{'middleClassCode': 'okinawa', 'middleClassName': '沖縄県'},
       {'smallClasses': [{'smallClass': [{'smallClassCode': 'nahashi',
         'smallClassName': '那覇'}]},
       {'smallClass': [{'smallClassCode': 'hokubu',
         'smallClassName': '恩納・名護・本部・今帰仁'}]},
       {'smallClass': [{'smallClassCode': 'chubu',
         'smallClassName': '宜野湾・北谷・読谷・沖縄市・うるま'}]},
       {'smallClass': [{'smallClassCode': 'nanbu',
         'smallClassName': '糸満・豊見城・南城'}]},
       {'smallClass': [{'smallClassCode': 'kerama',
         'smallClassName': '慶良間・渡嘉敷・座間味・阿嘉'}]},
       {'smallClass': [{'smallClassCode': 'kumejima', 'smallClassName': '久米島'}]},
       {'smallClass': [{'smallClassCode': 'Miyako',
         'smallClassName': '宮古島・伊良部島'}]},
       {'smallClass': [{'smallClassCode': 'ritou',
         'smallClassName': '石垣・西表・小浜島'}]},
       {'smallClass': [{'smallClassCode': 'yonaguni', 'smallClassName': '与那国島'}]},
       {'smallClass': [{'smallClassCode': 'daito', 'smallClassName': '大東島'}]}]}]
```

3）smallClass

次に smallClasses は図 IX-3 でみたように，middleClass の0番目は middleClass の Code と Name になります。本節ではデータの0番目を表示しているので北海道の Code と Name が次のとおり表示されます。

```
In    pref[0]['middleClass'][0]
Out   {'middleClassCode': 'hokkaido', 'middleClassName': '北海道'}
```

middleClass の最初（0番目）は，図 IX-3 でみたように smallClasses になります。次の図からも図 IX-3 の構造のとおりデータが取得されていることが確認できます。

```
In    pref[0]['middleClass'][1]['smallClasses']
Out   [{'smallClass': [{'smallClassCode': 'sapporo', 'smallClassName': '札幌'},
         {'detailClasses': [{'detailClass': {'detailClassCode': 'A',
          'detailClassName': '札幌・新札幌・琴似'}},
         {'detailClass': {'detailClassCode': 'B',
          'detailClassName': '大通公園・時計台・狸小路'}},
         {'detailClass': {'detailClassCode': 'C',
          'detailClassName': 'すすきの・中島公園'}}]}]},
        {'smallClass': [{'smallClassCode': 'jozankei', 'smallClassName': '定山渓'}]},
```

ここでは北海道（middleClass）の中に入っている smallClass 群を表示していますが，pref[0][smallClasses]，pref[1][smallClasses]，…，pref[46][smallClasses] のように変えながら smallClass を取得することで全国すべての smallClass を取得できることが分かります。

この指定方法はこれから使いますので，pref[0]['middleClass'][1]['smallClasses'] を sma 変数に指定しておきます。指定した sma 変数を実行しても前節のコードの実行結果と同じです。

```
In    sma = pref[0]['middleClass'][1]['smallClasses']
      sma
Out   [{'smallClass': [{'smallClassCode': 'sapporo', 'smallClassName': '札幌'},
         {'detailClasses': [{'detailClass': {'detailClassCode': 'A',
          'detailClassName': '札幌・新札幌・琴似'}},
         {'detailClass': {'detailClassCode': 'B',
          'detailClassName': '大通公園・時計台・狸小路'}},
         {'detailClass': {'detailClassCode': 'C',
          'detailClassName': 'すすきの・中島公園'}}]}]},
        {'smallClass': [{'smallClassCode': 'jozankei', 'smallClassName': '定山渓'}]},
```

4）detailClass

次の detailClass ですが，すべての smallClass に存在するものではなく，一部のところに存在するだけです。

detailClass は smallClass の下位 class なので，前節で作成した sma 変数に続けて書きます。detailClasses は図 IX-3 でみたように，smallClass の1番目になります。基本的には前節の smallClass と同じです。sma[0]['smallClass'][1]['detailClasses'] を det と変数指定しておきます。これで detailClass が存在すれば，取得することができます。

しかし，detailClass が存在しない場合，次のようにエラーが起こります。このため，detailClass がない場合の処理が必要になります。

```
In   det = sma[0]['smallClass'][1]['detailClasses']
     det
```

```
Out  [{'detailClass': {'detailClassCode': 'A', 'detailClassName': '札幌・新札幌・琴似'}},
      {'detailClass': {'detailClassCode': 'B', 'detailClassName': '大通公園・時計台・狸小路'}},
      {'detailClass': {'detailClassCode': 'C', 'detailClassName': 'すすきの・中島公園'}}]
```

```
In   det = sma[1]['smallClass'][1]['detailClasses']
     det
```

```
Out  ---------------------------------------------------------------------------
     IndexError                        Traceback (most recent call last)
     /var/folders/_6/x1j0qfc51mn70k0mts5j8rnc0000gn/T/ipykernel_1656/30491
     04940.py in <module>
     ----> 1 det = sma[1]['smallClass'][1]['detailClasses']
           2 det

     IndexError: list index out of range
```

（3）Class ごとのデータの取得

　前節では largeClass および，middleClass，smallClass，detailClass の取得を解説しましたが，ここでは複数ある各クラスデータを取得する方法を解説します。

　まず，楽天トラベル API からリターンされる json 文の構造の理解が必要です。

　laregeClass は1つだけですが，middleClass は都道府県ごとに分類されているため，47個になります。smallClass は都道府県をさらに細かく複数箇所に分類したものです。都道府県ごとに個数が異なるため，個数不明とします。detailClass は smallClass をさらに細かく区分したもので，smallClass 同様，有無や個数は不明です。

　このように複雑なデータの取得は，各 Class 内のデータを，繰り返し文や条件分岐を用いて取得していくことになります。また，繰り返し文の中に，さらなる繰り返し文や条件分岐が必要になる重層の繰り返し条件文が必要になったりします。本節の例でも重層の繰り返し分岐を用いてデータを取得していきます。

1）middleClass の取得

　Class ごとの取得を取りあげていきますが，最上位の largeClass は1つしかありませんので説明は不要です。次の middleClass，都道府県ごとのデータの取得を取りあげます。

　middleClass は，IX 3（2）2）で解説したとおり，pref 変数にリスト形式で格納されています。pref に入っているデータの順番を［0］，［1］，…のように変数名などに加え，pref[0]のように指定し呼び出すことができます。これだけでは middleClass である都道府県に関するデータとそれより下位の smallClasses データ他も含まれてしまいますので，['middleClass'][0] と加えることで middleClass に関するデータだけの抽出ができます。['middleClass'][1] とすると，middleClass の下位の smallclasses のデータになることは前節で説明しました。必要なら前節を参照してください。

　ここまでの解説から，次の図の最初の下線部を0,1,2,…,46のように入れ替えることで47都道府県の Classcode と ClassName を取得することができます。

　middleClassCode は上記コードの語尾に［'middleClassCode'］を，middleClassName は語尾に［'middleClassName'］を加えることで取得できます。

In	pref[0]['middleClass'][0]
Out	{'middleClassCode': 'hokkaido', 'middleClassName': '北海道'}
In	pref[0]['middleClass'][0]['middleClassCode']
Out	'hokkaido'
In	pref[0]['middleClass'][0]['middleClassName']
Out	'北海道'

　middleClassCode と middleCodeName のすべてを取得するため，すべての pref から順にデータを取得します。len(pref) と len メソッドを使い，pref の個数を確認したところ，47と全国の都道府県数と一致していることが分かります。

In	len(pref)
Out	47

　次は，繰り返しのための for 文を作成します。range メソッドは，例えば，range(10) なら，最初の0から10の直前，つまり9までを1つずつ増やしながら繰り返します。range(len(pref)) は range(47) と同じ結果になるため，0,1,2,…,45,46となります。

　pref[0]['middleClass'][0]['middleClassCode']
　pref[1]['middleClass'][0]['middleClassCode']
　　　⋮
　pref[46]['middleClass'][0]['middleClassCode']

　上記のようになり，すべての都道府県の ClassCode が取得できます。次のコードでは middleClassCode と middleClassName を取得し，並べて画面出力しています。

```
for i in range(len(pref)):
    middleClassCode = pref[i]['middleClass'][0]['middleClassCode']
    middleClassName = pref[i]['middleClass'][0]['middleClassName']
    print(middleClassCode, middleClassName)
```

```
hokkaido 北海道
aomori 青森県
iwate 岩手県
miyagi 宮城県
akita 秋田県
yamagata 山形県
hukushima 福島県
ibaragi 茨城県
tochigi 栃木県
gunma 群馬県
saitama 埼玉県
```

2）smallClass の取得

前節でみた pref[0]['middleClass'][0] のように 0 番目の pref 内のデータが middleClass，都道府県についてのデータですが，その次に入っているデータは，図 IX-3 で分かるように smallClass 群，smallClasses になりますので，pref[0]['middleClass'][1]['smallClasses'] を使って取得できます。例えば，pref[0] に値する北海道の smallClass の最初のものを取得するためには，pref[0]['middleClass'][1]['smallClasses'][0]['smallClass'] になります。

　このコードを実行すると次のように下位の detailClassCode にデータが存在したため，一緒にリターンされていることが確認できます。

```
In   pref[0]['middleClass'][1]['smallClasses'][0]['smallClass']

Out  [{'smallClassCode': 'sapporo', 'smallClassName': '札幌'},
      {'detailClasses': [{'detailClass': {'detailClassCode': 'A',
        'detailClassName': '札幌・新札幌・琴似'}},
       {'detailClass': {'detailClassCode': 'B',
        'detailClassName': '大通公園・時計台・狸小路'}},
       {'detailClass': {'detailClassCode': 'C', 'detailClassName': 'すすきの・中島公園'}}]}]
```

```
In   pref[0]['middleClass'][1]['smallClasses'][1]['smallClass']

Out  [{'smallClassCode': 'jozankei', 'smallClassName': '定山渓'}]
```

```
In   pref[0]['middleClass'][1]['smallClasses'][2]['smallClass']

Out  [{'smallClassCode': 'wakkanai', 'smallClassName': '稚内・留萌・利尻・礼文'}]
```

　smallClass データの取得のため，繰り返し使う部分は，sma = pref[0]['middleClass'][1]['smallClasses'] と変数指定して簡略化でき，コードの可読性もよくなります。実行結果に変化がないことは次のコード文から分かります。

```
In   sma = pref[0]['middleClass'][1]['smallClasses']
     sma[2]['smallClass']

Out  [{'smallClassCode': 'wakkanai', 'smallClassName': '稚内・留萌・利尻・礼文'}]
```

　取得すると次のように定山渓，稚内・留萌…のようになります。

　middleClass 同様，smallClass でも len(sma) を使い，smallClass の数を確認して繰り返し smallClass データを取得します。また，middleClass の for 文では i 変数を使いましたので，smallClass では重複を避けるため，j を変数として使います。コード文の実行結果はリターン値のとおりです。北海道内のすべての smallCode，14 箇所を画面表示することができました。最初（[0] 番目）の札幌には下位 detailClass があり，それも一緒に表示されています。

なお，sma には前節の smallClass を取得する際，sma = pref[0]['middleClass'][1]['smallClasses']
と指定した変数が適用されています（pref[0] で北海道）。このため，smallClass[1] である札
幌の中の detailClasses を指していることになります。しかし，detailClass が存在しない場合，
次のようなエラーメッセージが表示されます。

```
In   det = sma[1]['smallClass'][1]['detailClasses']
     det

Out  ---------------------------------------------------------------------
     IndexError                    Traceback (most recent call last)
     /var/folders/d0/qfs1j2452qs4lcs5wnvjg1_00000gn/T/ipykernel_83633/304910494
     0.py in <module>
     ----> 1 det = sma[1]['smallClass'][1]['detailClasses']
           2 det

     IndexError: list index out of range
```

（4）すべての ClassCode の取得

前節まで json 形式のデータから Class ごとに ClassCode と ClassName の取得を解説しまし
た。本節ではすべてのクラスデータを繰り返し文を用いて取得し，csv 形式のファイルとして
保存することを解説します。

図 IX-4でみるように，middleClass ごとに，その中の smallClass を繰り返し取得する必要が
あります。さらに，detailClass の有無を判断し，ある場合には繰り返し取得します。これで
middleClass の1件のデータ収集が完了です。

この作業を都道府県別（47 middleClass）で繰り返すことですべての ClassCode と ClassName
の取得ができるようになります。

1）middleClass データ取得のための for 文

最初に，middleClass 群を pref 変数に指定しておき，pref 変数の個数回まで繰り返しながら
middleClass データを取得します。データの個数は，前節での len メソッドを用いて確認したと
ころ，47でした。range メソッドの引数には①のように len(pref) を指定し，0から46まで47
回繰り返す指定になります。次のように for i in range(len(pref)): とコードを書きます。

②では pref[i] の i が変化していくので，pref[0]，pref[1]，…のように北海道，青森県，岩
手県のように変化していきます。結果的に，北海道から沖縄までの47都道府県のデータが取得
できるようになります。コードの実行結果は，for 文を実行する都度（都道府県ごと），print
(mid) により画面表示されます。リターン結果は一部のみですが，結果画面で確認できます。
これで middleClass データの取得が確認できました。

図 IX-4　楽天 Class 構造と取得計画

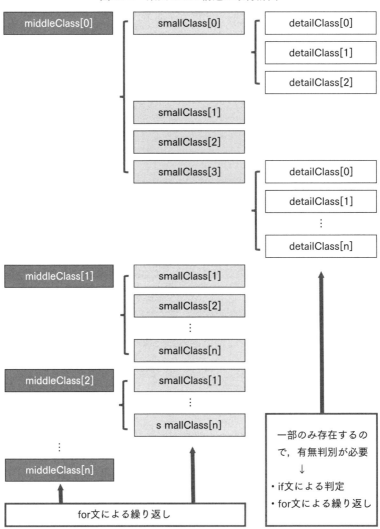

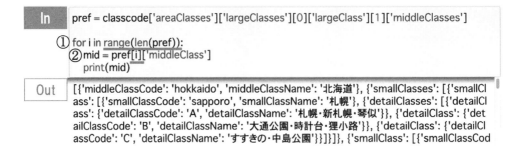

2）smallClass データ取得のための for 文

smallClass は middleClass の下位データとなっているので，前節の middleClass 抽出のための
for 文（①）の中に，さらに for 文（③）を用いる必要があります。前節で作成した smallClass
データ取得のためのコードを加えて作成します。

②で sma = mid[1]['smallClasses'] と変数指定し，③で smallClass の個数を，len メソッドを
使って確認し，0から確認した個数までを繰り返すことになります。

最後の④では sma[j] と，すべての sma 変数がもつ smallClass データを1つずつ繰り返し画
面表示しています。コードの実行結果の一部が表示され，コードに問題はないことが確認でき
ました。下図の最初のリターン値でみるように smallClass の下位の detailClass データがある場
合，そのデータも一緒に抽出されていることが分かります。

```
In
pref = classcode['areaClasses']['largeClasses'][0]['largeClass'][1]['middleClasses']

① for i in range(len(pref)):
     mid = pref[i]['middleClass']

② sma = mid[1]['smallClasses']
③ for j in range(len(sma)):
④   print(sma[j]['smallClass'])
```

```
Out
[{'smallClassCode': 'sapporo', 'smallClassName': '札幌'}, {'detailClasses': [{'detailClass':
{'detailClassCode': 'A', 'detailClassName': '札幌・新札幌・琴似'}}, {'detailClass': {'detailClass
Code': 'B', 'detailClassName': '大通公園・時計台・狸小路'}}, {'detailClass': {'detailClassCod
e': 'C', 'detailClassName': 'すすきの・中島公園'}}]}]
[{'smallClassCode': 'jozankei', 'smallClassName': '定山渓'}]
[{'smallClassCode': 'wakkanai', 'smallClassName': '稚内・留萌・利尻・礼文'}]
[{'smallClassCode': 'abashiri', 'smallClassName': '網走・紋別・北見・知床'}]
```

3）detailClass データ取得のための for 文

最後は，detailClass データの取得です。上でみたように，最初の smallClassName（ここでは
札幌）には detailClass 群があり，その下位に detailClass コードが A，B，C と3つあることが
分かりますが，その他では確認できません。このように detailClass は一部のみに存在すること
が分かります。このため，detailClass がある場合とない場合に両分し，データを取得する必要
があります。区分せず detailClass 取得を行うと，下位の detailClass がある箇所ではデータ取得
ができるため，とくに問題になりません。しかし，下位の detailClass が存在しないとエラーに
なり，「list index out of range」とエラーメッセージが表示されます。次の図でみるようにリター
ン結果の①の空白の箇所まで detailClassCode と detailClassName が表示されていることから，
途中（detailClass がない箇所）で中断されていることが分かります。

```
In    pref = classcode['areaClasses']['largeClasses'][0]['largeClass'][1]['middleClasses']

      for i in range(len(pref)):
         mid = pref[i]['middleClass']

         sma = mid[1]['smallClasses']
         for j in range(len(sma)):
            det = sma[j]['smallClass'][1]['detailClasses']

            for k in range(len(det)):
               print(det[k]['detailClass'])
```

```
Out   {'detailClassCode': 'A', 'detailClassName': '札幌・新札幌・琴似'}
      {'detailClassCode': 'B', 'detailClassName': '大通公園・時計台・狸小路'}
      {'detailClassCode': 'C', 'detailClassName': 'すすきの・中島公園'}
```
①
```
-----------------------------------------------------------------------
IndexError                        Traceback (most recent call last)
/var/folders/d0/qfs1j2452qs4lcs5wnvjg1_00000gn/T/ipykernel_37015/389550259
5.py in <module>
      6    sma = mid[1]['smallClasses']
      7    for j in range(len(sma)):
----> 8        det = sma[j]['smallClass'][1]['detailClasses']
      9
     10        for k in range(len(det)):

IndexError: list index out of range
```

　このため，detailClass の有無判定と有無による分岐が必要になりますので，if 文を用いて判定と分岐を行うコードを作成します。

　detailClass が存在することは，small Class が2つ存在することを意味します。1つ目はsmallClass に関する情報が入っているもので，2つ目は detailClasses（detailClass 群）に関する情報が入っているものです。このことから，smallClass の個数を確認し，個数が2つなら「有」と，2つでないなら「無」と，有無判定を行うことができます。

　コード文は if 文を使い，次のように書くことができます。

　if len(sma[j]['smallClass']) == 2: と書き，sma の中の smallClass の長さ（個数）が2かどうかを確認します。2なら実行したいコード文を実行し，2でなければ，print('-') を実行する，つまり半角のハイフンを画面表示する単純な判定です。実際のコードは次のとおりで，if 文の中で detailClass 群から繰り返し detailClass の取得を行うものです。

```
if len(sma[j]['smallClass']) == 2:
   実行したいコード文      ───▶      det = sma[j]['smallClass'][1]['detailClasses']
else:
   print('-')                        for k in range(len(det)):
                                        print(det[k]['detailClass'])
```

　最後の detailClass データの取得には上層データの繰り返しが含まれるため，for 文が3回（middle, small, detail）重なっています。具体的には次の図の矢印箇所です。

　このコードで，楽天トラベルで使われている日本全国の地区コードと地区名を取得すること

ができます。コードの実行結果はリターン値から確認できます。detailClassCode がある場合は辞書型のデータが，ない場合には半角ハイフンがリターンされていることが確認できます。

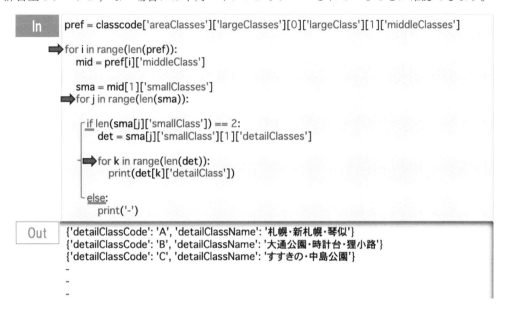

```
In    pref = classcode['areaClasses']['largeClasses'][0]['largeClass'][1]['middleClasses']

      for i in range(len(pref)):
          mid = pref[i]['middleClass']

          sma = mid[1]['smallClasses']
      for j in range(len(sma)):

          if len(sma[j]['smallClass']) == 2:
              det = sma[j]['smallClass'][1]['detailClasses']

              for k in range(len(det)):
                  print(det[k]['detailClass'])

          else:
              print('-')
```

```
Out   {'detailClassCode': 'A', 'detailClassName': '札幌・新札幌・琴似'}
      {'detailClassCode': 'B', 'detailClassName': '大通公園・時計台・狸小路'}
      {'detailClassCode': 'C', 'detailClassName': 'すすきの・中島公園'}
      -
      -
      -
```

（5）コードの関数化

　理解しやすくするため，前節までの解説はコード文のみで説明しましたが，ここではこれまで作成したコードを関数化し，まとめることを解説します。

　関数化しておくことで，取得した地区コードが必要な別のコード文の作成に転用することができるようになります。関数化する際は，取得データを画面表示の代わりに，ファイルに保存することを加えておきます。コード文はこれまでのものをまとめるだけですが，多少修正・加筆されていますのでその箇所のみ解説します。

　1行目に，関数化のため，def getareacode(API_ID, area_url) と関数名を getareacode と，引数として API_ID とサイト url を area_url と指定しています。

　次に①に，関数を実行し取得したデータを貯めておく空白の変数を areacodes=［　］と，最初（for 文の前）に作成しておきます。

　次に，detailClass の有無判定と，それによる取得データの調整を②と③で行っています。detailClass が存在する場合（②）は detailClassCode と detailClassName を取得し，辞書型で変数 area_code に保管します。deetailClass が存在しない場合（③）は detailClassCode と detailClassName を空白 '' と，辞書型にして変数 area_code に保管します。

　このように②か③になる area_code を①で作成しておいた areacodes に追加保存（④）しながら for 文を実行していきます。最後に areacodes をリターンする値に指定しています。

```
In    def getareacode(API_ID,area_url):
①    areacodes = []
      area_params = {
        'applicationId': API_ID,
        'format': 'json',
      }
      area_res = requests.get(area_url,area_params)
      classcode = area_res.json()

      pref = classcode['areaClasses']['largeClasses'][0]['largeClass'][1]['middleClasses']
      for i in range(len(pref)):
        mid = pref[i]['middleClass']
        sma = mid[1]['smallClasses']

        for j in range(len(sma)):
          if len(sma[j]['smallClass']) == 2:
            det = sma[j]['smallClass'][1]['detailClasses']

            for k in range(len(det)):
②          area_code = {
                'middleClassCode': mid[0]['middleClassCode'],
                'middleClassName': mid[0]['middleClassName'],
                'smallClassCode': sma[j]['smallClass'][0]['smallClassCode'],
                'smallClassName': sma[j]['smallClass'][0]['smallClassName'],
                'detailClassCode': det[k]['detailClass']['detailClassCode'],
                'detailClassName': det[k]['detailClass']['detailClassName']
            }
              areacodes.append(area_code)
          else:
③        area_code = {
                'middleClassCode': mid[0]['middleClassCode'],
                'middleClassName': mid[0]['middleClassName'],
                'smallClassCode': sma[j]['smallClass'][0]['smallClassCode'],
                'smallClassName': sma[j]['smallClass'][0]['smallClassName'],
                'detailClassCode': '',
                'detailClassName': ''
            }
④        areacodes.append(area_code)
      return areacodes
```

　上記で getareacode 関数として指定した地区コードと地区名称を取得するコードを保存する
コードを save 関数として作成します。保存するコードは VIII 2(1) でも解説しましたが，基本
はほとんど変わりません。

　保存するため，①で取得した areacodes を pd.DataFrame メソッドを使って df 変数に指定し，
②で rakuten_classcode.csv として保存します。この際，文字化け防止のため，encoding='utf-8-
sig' と指定します。指定を忘れると，いわゆる，2バイト言語は文字化けを起こしますので注意
が必要です。

```
In  ① def save(areacodes):
        df = pd.DataFrame(areacodes)
    ② df.to_csv('rakuten_classcode.csv', index=False, encoding='utf-8-sig')
```

　これらの関数をまとめて実行するための main 関数を作成します。
　まず，必要なライブラリを指定します。また，API を利用するための id を指定します。また，

地区コードを提供する url を area_url として指定しておきます。あとは，実行する関数に areacodes = getareacode(API_ID,area_url)，save(areacodes)を順に加え，最後に確認のため，print（'Finish.'）と画面表示のためのコードを加えます。ここまでのコードを実行すると全国の地区コードを取得し，csv 形式で保存することができます。

```
In   if __name__=='__main__':
         import requests
         import pandas as pd

         API_ID = '1              3'
         area_url = 'https://app.rakuten.co.jp/services/api/Travel/GetAreaClass/20131024'

         areacodes = getareacode(API_ID,area_url)
         save(areacodes)
         print('Finish.')
```

上記コードを実行して取得した csv ファイルを Excel で開くと，図 IX-5 でみるとおり，middleClass，smallClass，detailClass の情報が保存されていることが確認できます。

最後に，地区コード取得のため，作成したコードをまとめると図 X-6 のようになります。全体のコードの作成や確認の際に参考にしてください。

図 IX-5　Excel に出力した楽天 ClassCode と ClassName

	A	B	C	D	E	F
1	middleClassCode	middleClassName	smallClassCode	smallClassName	detailClassCode	detailClassName
2	hokkaido	北海道	sapporo	札幌	A	札幌・新札幌・琴似
3	hokkaido	北海道	sapporo	札幌	B	大通公園・時計台・狸小路
4	hokkaido	北海道	sapporo	札幌	C	すすきの・中島公園
5	hokkaido	北海道	jozankei	定山渓		
6	hokkaido	北海道	wakkanai	稚内・留萌・利尻・礼文		
7	hokkaido	北海道	abashiri	網走・紋別・北見・知床		
8	hokkaido	北海道	kushiro	釧路・阿寒・川湯・根室		
9	hokkaido	北海道	obihiro	帯広・十勝		
10	hokkaido	北海道	hidaka	日高・えりも		
11	hokkaido	北海道	furano	富良野・美瑛・トマム		
12	hokkaido	北海道	asahikawa	旭川・層雲峡・旭岳		
13	hokkaido	北海道	chitose	千歳・支笏・苫小牧・滝川・夕張・空知		
14	hokkaido	北海道	otaru	小樽・キロロ・積丹・余市		
15	hokkaido	北海道	niseko	ルスツ・ニセコ・倶知安		
16	hokkaido	北海道	hakodate	函館・湯の川・大沼・奥尻		
17	hokkaido	北海道	noboribetsu	洞爺・室蘭・登別		

図 IX-6　楽天トラベル地区コード取得の学習用コード集

```
def getareacode(API_ID, area_url):
    areacodes = []
    area_params = {
        'applicationId': API_ID,
        'format': 'json',
    }
    area_res = requests.get(area_url,area_params)
    classcode = area_res.json()

    pref = classcode['areaClasses']['largeClasses'][0]['largeClass'][1]['middleClasses']
```

```
    for i in range(len(pref)):
        mid = pref[i]['middleClass']

        sma = pref[i]['middleClass'][1]['smallClasses']
        for j in range(len(pref[i]['middleClass'][1]['smallClasses'])):
            if len(sma[j]['smallClass']) == 2:
                det = sma[j]['smallClass'][1]['detailClasses']

                for k in range(len(det)):
                    area_code = {
                        'middleClassCode': mid[0]['middleClassCode'],
                        'middleClassName': mid[0]['middleClassName'],
                        'smallClassCode': sma[j]['smallClass'][0]['smallClassCode'],
                        'smallClassName': sma[j]['smallClass'][0]['smallClassName'],
                        'detailClassCode': det[k]['detailClass']['detailClassCode'],
                        'detailClassName': det[k]['detailClass']['detailClassName']
                    }
                    areacodes.append(area_code)
            else:
                area_code = {
                    'middleClassCode': mid[0]['middleClassCode'],
                    'middleClassName': mid[0]['middleClassName'],
                    'smallClassCode': sma[j]['smallClass'][0]['smallClassCode'],
                    'smallClassName': sma[j]['smallClass'][0]['smallClassName'],
                    'detailClassCode': '',
                    'detailClassName': ''
                }
                areacodes.append(area_code)
    return areacodes


def save(areacodes):
    df = pd.DataFrame(areacodes)
    df.to_csv('rakuten_classcode.csv', index=False, encoding='utf-8-sig')


if __name__=='__main__':
    import requests
    import pandas as pd

    API_ID = '1095626063473327683'
    area_url = 'https://app.rakuten.co.jp/services/api/Travel/GetAreaClass/20131024'

    areacodes = getareacode(API_ID,area_url)
    save(areacodes)
    print('Finish.')
```

4　楽天トラベル宿泊施設情報の収集

　前節では，json 形式の地区コードを取得してリスト形式で保存することを解説しました。本節では，最初に宿泊施設の情報を取得するため，都道府県の地区コードだけを取り出す，いわゆる，フィルタリングについて解説します。次に，宿泊施設の情報が多い場合，複数ページに

わたり掲載されています。このため，情報が掲載されたページ数の取得方法を解説します。デフォルトのままでは最初のページの掲載情報だけが取得されますので，掲載されているすべてのページから情報を取得する必要があります。その後，指定都道府県の宿泊施設情報の取得とその中から必要情報のみを抽出する方法を解説します。掲載情報にはさまざまなものがあります。その中から必要な情報を指定して取得します。

　最後にすべてをまとめて実行するため，main 関数を作成してまとめることを解説していきます。

（1）地区コード

　前節までで取りあげた地区コードの取得のため作成したコードは getareacode として関数化してあります。また，前節では csv ファイルとして保存していましたが，ここでは取得したデータ（getareacode 関数のリターン値）を保存せず変数に指定し，データ取得作業を続けて行います。

（2）フィルタリング（都道府県の指定）関数

　ここでは，都道府県名を指定して宿泊施設の情報を取得するため，指定された都道府県の地区コードデータを抽出する関数を作成する，いわゆるフィルタリングを取りあげ，解説します。

　最初に，検索する都道府県名を指定します。「都道府県名 = '広島県'」と変数名を都道府県名にし，検索したい都道府県名を1つだけ指定します。すべての都道府県の情報を取得する場合，都道府県名 = ' ' と空白で指定します。コードの最後に print(middle)，print(small)，print(detail) とありますが，関数の実行結果の確認のため，一時的に追加したものです。実際のコード文では削除します。

　次に①では，getareacodes 関数で取得したデータを検索に使うため，df = pd.DataFrame(areacodes) と指定し，変数名を df と指定しデータフレイムとして読み込みます。

　次に②では，if-else メソッドを用いて検索する都道府県名を判定します。まず，全国（空白）かいずれかの都道府県かを判断します。

　次に③で，全国が指定されているなら読み込んだデータフレーム df をそのまま，いずれかの都道府県が指定されたなら「df['middleClass Name'] == 都道府県名」と指定し，['middleClassName'] フィールドが都道府県名変数と一致する条件を設定します。この条件に合うすべての行を選択し filtered 変数と指定しています。また，②下線部および④では，データ型をリスト形式に変換し，filtered 変数に上書き保存していますが，必要ならここで前節のように csv ファイルなどに保存することもできます。なお，データ型の変換については次ページの「データ形式の変換」を参照してください。

　⑤では，リスト化された filtered 変数をもとに，リスト形式で middle，small，detail 変数を作成します。ここでは，リスト形式でデータをリターンしてくれる1行 for 文，いわゆる内包表記を用いてコードを作成します。内包表記については図 V-8 で詳しく解説しましたので，必要なら参照してください。

middle = ［i［0］for i in filtered］と，filtered の中からデータを１つずつ取り出して i に代入し，i の配列の中の0番目のもの（i［0］）を middle と指定しています。small や detail も配列の位置を変えるだけで指定できますので参考に指定します。この際，small は２番目，detail は４番目を指定していますが，IX 3（4）で取得した地区コードのファイルから確認できます。

　最後に，これらをリターンするために return middle, small, detail と記述し，３つの要素をまとめてリターンするようにします。コードを実行すると次のように middle, small, detail コードがリスト形式で変換されていることが確認できます。なお，実行結果の detail コードがすべて空白になっていますが，その理由は，広島県に detail コードが存在しないからです。detail コードが存在する都道府県なら表示されますので，ぜひ試してみてください。

```
In    # 都道府県名を一つ指定（全国を指定する場合は空白「''」のまま）
      都道府県名 = '広島県'

      def filtering(areacodes, 都道府県名):
      ①df = pd.DataFrame(areacodes)

      ②if 都道府県名 == '':
          filtered = df
          filtered = filtered.values.tolist()
      else:
      ③filtered = df.loc[ df['middleClassName']==都道府県名, :]
      ④filtered = filtered.values.tolist()

      ⑤middle = [i[0] for i in filtered]
      small = [i[2] for i in filtered]
      detail = [i[4] for i in filtered]

      return middle, small, detail

      print(middle)
      print(small)
      print(detail)
```

```
Out   ['hiroshima', 'hiroshima', 'hiroshima', 'hiroshima', 'hiroshima', 'hiroshima', 'hiroshim
      a']
      ['hiroshima', 'higashihiroshima', 'fukuyama', 'kure', 'shohara', 'sandankyo', 'miyajim
      a']
      ['', '', '', '', '', '', '']
```

データ形式の変換

　データフレームで特定の要素を取得するためには，必要なメソッドの使い方の理解と，データ形式を行単位でリスト形式への変換が必要です。まずはこの２点について解説していきます[4]。

　データフレームで特定の要素を指定するメソッドには loc と iloc があります。前者は index（行）と column（列）の名称で指定する方法で，データフレームなどでよく使わ

4）はじめて紹介する内容なので多少難しいかもしれませんが，分からない時はまずはコードをそのまま打ち込んで次に進めていきましょう。特定場所のデータの取得や置き換え，データ形式の変換は，データサイエンスを学ぶために欠かせないとても重要な内容です。繰り返し学習することをお勧めします。

れたりします。これに対し，後者は順番（0,1,2,…）で指定する方法で，フィールド名がついていない配列データに使われたりします。データの形式については図III-2で取りあげましたので，必要なら参照してください。

　データの指定は，df.loc[index の条件または範囲, column の条件または範囲]の形式で行います。本節ではフィルタリングする条件として，

　　index の条件は，df['middleClassName'] == 都道府県名に，

　　column の範囲は，「:」（コロンのみ）とすべてを指定しますので，

　　コード文は，df.loc[df['middleClassName'] == 都道府県名, :] となります。指定したものを③のように filtered 変数と指定しておきます[5]。③で指定した都道府県の地区コードはデータフレーム形式になっていますが，必要なデータ形式はリスト形式です。このため，④でデータフレーム形式からリスト形式に変換します。データフレーム形式からリスト形式への変換は，次のように2種のメソッドを使い，2段階で行います。

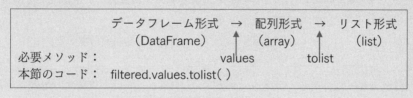

（3）情報の掲載ページ数の取得

　宿泊施設についての情報取得には，これまで取得した areacodes, middle, small, detail を引数とした地区コードの他，情報が複数ページにわたり掲載されている場合が多く，すべてのページから情報を取得するため，掲載ページ数が必要です。そこで，本節では情報掲載のページ数を取得することを解説しますが，内容についての説明が多いこととコード文が長いことからコード文に図番号（図 IX-7）を付けて説明を進めていきます。

　まず，次の図 IX-7-①のように def getpages(areacodes, middle, small, detail): と areacodes, middle, small, detail を引数とする getpages を関数宣言し，コードを作成します。この処理は時間がかかりますので，処理中である（PC がフリーズしていない）ことが分かるようにした方がいいでしょう。そこで，図 IX-7-②のように作業中であることを画面表示しておき，フリーズしていないことの確認がとれるようにしています。

　getpages 関数で処理する内容は，取得した地区コードをリスト形式で並べておき，それぞれの情報の掲載ページ数を確認して結合し，listno 変数に辞書型でまとめてリターンすることです。

　このため，図 IX-7-③の繰り返し文の前に処理結果を入れる空白の変数を result = [ ] と指定します。都道府県ごとに地区コードをリストとしてまとめておきます。図 IX-7-③では繰り返

5）データの取り扱いには pandas についての知識が必要です。pandas は膨大な量のデータを取り扱う際，欠かせないライブラリで，このライブラリの使い方だけでたくさんの解説書が出版されるほどです。本節で pandas について充分な説明はできず，必要最小限の説明にとどめています。必要なら pandas についての別の解説書やネット上の情報を参照してください。

す回数を middle の個数にしています。さらに，図 IX-7-② に加え，進行状況の確認のため，middle の個数を tqdm メソッドの変数として渡し，プログレスバーを表示させます。時間がかかる作業の場合，このように tqdm メソッドを使うと便利です。

次に，図 IX-7-④ で if-else メソッドを用いて detail コードの有無判断を行い，図 IX-7-⑤ で判断結果に合わせて引数を用意しています。引数は辞書型としてまとめ，htl_params 変数と指定します。図 IX-7-⑤ は2つありますが if-else メソッドにより，前者は detail がない場合，後者は detail がある場合に適用されます。両者の違いは 'detailClassCode': detail[j] の有無だけで，その他は同じです。

次に図 IX-7-⑥ では，宿泊施設の検索のため，requests.get(search_url,htl_params) とサーバーへリクエストし，結果のリターン値を htl_res 変数に指定します。この際，リクエスト url は地区コード取得の際の url とは異なりますので注意が必要です。

本節では地区コードに area_url と，施設検索に search_url と変数指定しています。

area_url = 'https://app.rakuten.co.jp/services/api/Travel/GetAreaClass/20131024'

search_url = 'https://app.rakuten.co.jp/services/api/Travel/SimpleHotelSearch/20170426'

url 情報は，IX 3（1）で説明したとおりですが，楽天トラベル系 API の中の楽天トラベル空室検索 API を選択して，テストフォームサイトで施設検索 API をクリックすると表示されます。必要なパラメータを設定する画面になり，それらのパラメータの設定が反映された url が下部に表示されています。url の後部（?format=…）は引数（プロパティ）です。引数の前の部分の取得については前節で詳しく説明しました。必要なら参考にしてください。

次に，図 IX-7-⑥ で取得した htl_res には施設情報が json 形式で入っています。図 IX-7-⑦ では rst = htl_res.json() と json データを解析し，rst 変数に格納しておきます。ここで取得した情報を確認するため，図 IX-7-⑦ の次の行（⑦と⑧の間に挿入）に print(rst) と挿入して実行すると収集した施設情報が次のように辞書型で画面表示されます。

```
Out   page数を取得中…

      0%|                        | 0/16 [00:00<?, ?it/s]

{'pagingInfo': {'recordCount': 148, 'pageCount': 5, 'page': 1, 'first': 1, 'last': 30}, 'h
otels': [[{'hotelBasicInfo': {'hotelNo': 180441, 'hotelName': 'ソラリア西鉄ホテル札幌',
```

図 IX-7-⑧ では，収集された情報 rst を for 文の外側に作成してある result 変数に指定した都道府県の地区コード数の回数まで繰り返しながら格納するように append メソッドで指定します。これで指定した都道府県の施設情報を取得できますが，繰り返し作業の速度が速いとエラーになったり，サーバーに負担をかけたりします。繰り返しの速度を緩めるため，sleep メソッドを追加します。ここでは図 IX-7-⑨ のように time.sleep(.5) と 0.5秒の遅延にしていますが，数字を大きくするとさらに遅延時間が伸びますので，読者の環境に合わせて適宜調節してください。

さて，print(rst) のリターン値をみると，['pagingInfo'] の中の ['pageCount']（前の図の下線部）とあり，ページ数は5であることが分かります。

図 IX-7　getpages 関数のコード文

```
In  ① def getpages(areacodes, middle, small, detail):
    ② print('page数を取得中…')

        # areacodes別、データ表示のページ数を取得
        result = []
    ③ for j in tqdm(range(len(middle))):

      ④ if pd.isna(all(detail)): # detailClassCode がない場合
            htl_params = {
                'applicationId': API_ID,
                'format': 'json',
                'formatVersion':2,
      ⑤        'largeClassCode': 'japan',
                'middleClassCode': middle[j],
                'smallClassCode': small[j],
                'datumType':1,
            }
        else:
            htl_params = {
                'applicationId': API_ID,
                'format': 'json',
                'formatVersion':2,
      ⑤        'largeClassCode': 'japan',
                'middleClassCode': middle[j],
                'smallClassCode': small[j],
                'detailClassCode': detail[j],
                'datumType':1,
            }

      ⑥ htl_res = requests.get(search_url,htl_params)
      ⑦ rst = htl_res.json()
      ⑧ result.append(rst)
      ⑨ time.sleep(.5) #データ取得スピード制御
        # データの掲載ページ数を取得
   ⑩ record_page = [i['pagingInfo']['pageCount'] for i in result]

        # データ表示ページ数をmiddle,small,detail別classcodeと合わせてデータフレーム化
   ⑪ listno = pd.DataFrame(
        {'middle':middle,
         'small':small,
         'detail':detail,
         'page':record_page
        })

   ② print('page数を取得完了')
   ⑫ return listno
```

　すべてのページから施設情報を取得するため，図 IX-7-⑩のように内包表記を用いて result 変数内のページ数情報だけを取り出して record_page 変数に指定しています。

　図 IX-7-⑪では，このページ数と地区コードを辞書型にまとめ，フィールド名も併せて listno と変数に指定しています。

　最後に，図 IX-7-⑫では地区コードとページ数をまとめて入れた listno 変数をリターンしま

す。必要ならリターン値の listno 変数を csv などに保存することもできます。

　これで地区コードと地区コード内の施設情報の掲載ページを取得できました。次のように動作確認のため，都道府県に北海道を指定し，地区コードと掲載ページ数を取得してみました。その結果から，16地区コードとそれぞれの情報掲載ページ数が取得されていることが確認できます。

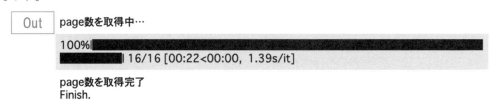

```
Out    page数を取得中…

100%|
              | 16/16 [00:22<00:00, 1.39s/it]

page数を取得完了
Finish.
```

　さらに，収集されたデータの中身を確認したところ，middleClassCode, smallClassCode, detailClassCode に加え右端にページ数は次のように表示され，データの詳細が確認できました（ここでは実行結果の最初の5件のみ表示されています）。

```
In     listno
```

Out		middle	small	detail	page
	0	hokkaido	sapporo	A	5
	1	hokkaido	sapporo	B	3
	2	hokkaido	sapporo	C	9
	3	hokkaido	jozankei		2
	4	hokkaido	wakkanai		4

（4）すべての宿泊施設情報の取得

　ここでは前節で取得した地区コードとページ数をもとに，楽天トラベル掲載のすべての宿泊施設情報の取得を解説します。なお，本節においてもコード文に図番号（図 IX-8）を付けて説明を進めていきます。

　まず，図 IX-8-①のように前節でリターンされた listno を引数とする getresult 関数を宣言します。関数の処理に時間がかかりますので，作業が進行中であることが分かるように画面表示しておきます（図 IX-8-②）。これで作業が進行中であることが確認できます。

　次に図 IX-8-③では，listno を list 形式に変換する必要があるため，データフレーム → 配列 → リストの順に変換していきます。list.values.tolist( ) で変換されます。変換したリストデータは listnocode_list と変数として指定しておきます。詳しくは IX 4（2）で解説しました。必要なら参照してください。

　次に，図 IX-8-④では，次の for 文で収集したデータを貯めておく空白の result_all 変数を指定しています。図 IX-8-⑤では，③で指定した変数の個数（len(listnocode_list)）回，繰り返すため，range メソッドを使っています（range(len (listnocode_list)))。また，進行状況が確認で

きるよう，tqdm メソッドも加えています。あとは，for 文を使い，1つずつ取り出し i とした上で繰り返し作業を行います（for i in tqdm(range(len(listnocode_list)))):)。

次に図 IX-8-⑥では，順番に取り出した listnocode_list[i] の［0］番目，［1］番目，［2］番目を順に middle_class, small_class, detail_class に変数指定します。順番は前節で保存する時の順番です。必要なら前節の結果図を参照してください。

detail_class はすべてではなく一部の地区に存在するだけですので，図 IX-8-⑦では detail_class の有無を if-else メソッドを使って判定しています。図 IX-8-⑧では，その結果に合わせて htl_params 変数を，次の項目で辞書型として指定します。

'applicationId' では，楽天 API の ID ですので，登録した ID を指定します。

'format' では，リターンされるデータ形式を json 形式に指定します。

'formatVersion' では，バージョンを2と指定します。旧バージョンを使うこともできますが，本章ではより使い勝手がよい，2を使います。

最後の 'datumType' では取得する緯度経度の情報の指定をします。

2つある htl_params の違いは，if-else 文の判定に続き，後者に detail_class を取得するため，'detailClassCode': detail_class を追加しているだけです。

次に，図 IX-8-⑨ではページ数を確認し，すべてのページ内の情報を収集するため，for 文を用いてページ数回分の繰り返し作業を行います。この際，ページ数は0からではなく，1からスタートしているので range メソッドの始まりを1と指定した上で，終わるところにも1を加えていることが分かります（for j in range(1,listnocode_list[i][3]+1):)。宿泊施設の情報を提供する url は地区コードの url と異なりますので，注意が必要です。

次に図 IX-8-⑩では scrap_url と指定しています。scrap_url は楽天トラベル施設検索 API url である search_url をもとにしていますので，search_url に必要な情報を次のように追記します。なお，他でも使いますので，main 関数の中に指定してあります。

search_url = 'https://app.rakuten.co.jp/services/api/Travel/SimpleHotelSearch/20170426'

scrap_url = search_url + '?page=' + str(j)

url には，ページを指定するパラメータ，page を指定する必要がありますので，search_url にページ数の指定のため '?page=' を追記し，データを取得する page を文字型で指定します。そのため，数字を文字化するメソッド str を用いて上記コード文の枠内のように str(j) と書き加えます。データのつなぎ合わせは同じ種別のデータ同士のみできますので，注意が必要です。

図 IX-8-⑪から⑭までは，地区コードの取得のためのコード同様，サーバーにリクエストしリターンされたリターン値を json 解析します。このため，json( ) メソッドを加えて for 文を使って取得したデータを外側にある result_all 変数に追加（append）しています。

print 文では，作業終了が分かるメッセージを画面表示します。最後の図 IX-8-⑮で，関数の実行結果を result_all としてリターンしています。

本節で解説した getresult 関数のコードは，指定した宿泊施設のすべてのデータを取得し，result_all 変数にしてリターンしています。この作業はデータの量も多く，時間がかかります。

図 IX-8　getresult 関数のコード文

```
In  ① def getresult(listno):
    ② print('宿泊施設のすべてのデータを取得中…')

    ③ listnocode_list = listno.values.tolist()
    ④ result_all = []
    ⑤ for i in tqdm(range(len(listnocode_list))):
          # 大分類、中分類、小分類の値を取得
          middle_class = listnocode_list[i][0]
    ⑥    small_class = listnocode_list[i][1]
          detail_class = listnocode_list[i][2]

          # detail_classの有無を確認し、class codeを指定
    ⑦    if listnocode_list[i][2] == '':
              htl_params = {
                  'applicationId': API_ID,
                  'format': 'json',
                  'formatVersion':2,
    ⑧            'largeClassCode': 'japan',
                  'middleClassCode': middle_class,
                  'smallClassCode': small_class,
                  'datumType':1,
              }
          else:
              htl_params = {
                  'applicationId': API_ID,
                  'format': 'json',
                  'formatVersion':2,
    ⑧            'largeClassCode': 'japan',
                  'middleClassCode': middle_class,
                  'smallClassCode': small_class,
                  'detailClassCode': detail_class,
                  'datumType':1,
              }

          # areacode list内の'pageCount'を確認し、すべてのページを巡回しながら収集
    ⑨    for j in range(1,listnocode_list[i][3]+1):
    ⑩        scrap_url = search_url + '?page=' + str(j)
    ⑪        htl_res = requests.get(scrap_url,htl_params)
    ⑫        time.sleep(1)
    ⑬        result = htl_res.json()
    ⑭        result_all.append(result)

    ② print('宿泊施設のすべてのデータを取得完了')
    ⑮ return result_all
```

⑫のように，コード実行の待機時間を設定してサーバーの負担を軽減することも忘れず行いましょう。

（5）必要な宿泊施設情報の取得

前節のコードを実行し取得したデータには楽天トラベルが提供する宿泊施設に関するすべての情報が含まれているため，不要な情報も多く含まれています。ここでは，その宿泊施設の情

報から必要な項目を辞書型にまとめ，指定した変数に貯めていく作業を繰り返す関数の作成を
解説します。

　　まず，図 IX-9-①のように，前節でリターンされる result_all を引数に，gethotelinfo と関数を
宣言します。これで，前節で取得した宿泊施設情報のすべての項目を受け取ります。次に図
IX-9-②のように，htlbsinfo_all ＝［ ］と繰り返し作業の前に取得したデータを貯めておく空白
の変数を作成しておきます。図 IX-9-③では，前節の getresult 関数がリターンした result_all の
データの個数を len（result_all）メソッドを用いて確認し，データを貯めていく作業をデータの
個数回繰り返すため，for i in range(len(result_all)): のように range メソッドを使い繰り返しの
回数を指定します。図 IX-9-④では，result の中の hotels の中の情報を順に取り出し htl と変数
指定しています。hotels には，次の図の下線部のように hotelBasicInfo が辞書型で入っているこ
とが確認できます。

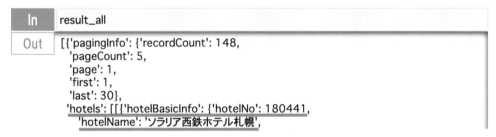

　　次に図 IX-9-⑤では，htl の中の hotelBasicInfo を順に取り出して htlbsinfo と変数指定してい
ますので，htlbsinfo には宿泊施設に関するすべての情報が入っています。

　　次に図 IX-9-⑥では，必要な情報を辞書型で指定します。例えば，ホテル名 'hotelName' は
htlbsinfo 内の 'hotelName' に値するので 'hotelName': htlbsinfo['hotelName']，のように指定し
ます。指定項目の詳細は次のコード文で確認してください。

　　なお，項目に関する情報は楽天トラベル施設検索 API に掲載されています。API 一覧からク
リックし，スクロールダウンしていくと楽天トラベルコード API と同様に確認できます。

　　楽天トラベル API の出力パラメータの一覧表の一部分を示したものですが，最初から
hotelNo, hotelName, hotelInformationUrl のように続きます。出力したい項目を変更や追加，
削除を行う際は，API サイトのパラメータを参照しながら必要な項目を指定してください。

　　さて，図 IX-9-⑥で取得したい項目を辞書型で指定し，bsinfo 変数として指定しましたので，
図 IX-9-⑦では，for 文が実行される前の図 IX-9-②で指定した htlbsinfo 変数に，htlbsinfo_all.
append(bsinfo) と append メソッドを使い情報を追加していきます。繰り返し作業で変数に追
加する作業が終わったら収集された宿泊施設情報が入っている htlbsinfo 変数をリターンして
作業は終了します。

図 IX-9　取得データの辞書型への変換

```python
def gethotelinfo(result_all):
    htlbsinfo_all = []
    for i in range(len(result_all)):
        for htl in result_all[i]['hotels']:
            htlbsinfo = htl[0]['hotelBasicInfo']
            # 取得するホテルの情報を辞書型で指定
            bsinfo = {
                'hotelName': htlbsinfo['hotelName'],
                'prefecture': htlbsinfo['address1'],
                'address': htlbsinfo['address2'],
                'telephoneNo': htlbsinfo['telephoneNo'],
                'nearestStation': htlbsinfo['nearestStation'],
                'longitude': htlbsinfo['longitude'],
                'latitude': htlbsinfo['latitude'],
                'minimumCharge': htlbsinfo['hotelMinCharge'],
                'reviewCount': htlbsinfo['reviewCount'],
                'reviewAverage': htlbsinfo['reviewAverage'],
            }
            htlbsinfo_all.append(bsinfo)
    return htlbsinfo_all
```

図 IX-10　楽天宿泊施設情報の抽出例

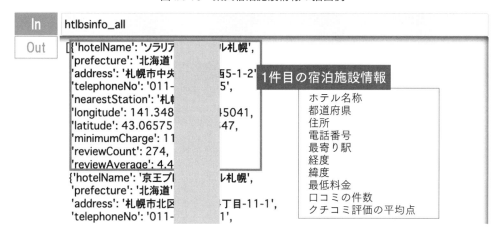

gethotelInfo 関数を用いて取得した宿泊施設の情報は図 IX-10 のとおりですが，枠線内の情報は最初の1件目の情報を示したものです。出力例をスクロールダウンしていくとすべての宿泊施設の情報を確認することができます。

（6）save 関数の作成

膨大な量の施設情報が取得されましたので，これまで使い慣れた Excel などでも使えるように csv 形式のファイルとして保存します。このため，pandas ライブラリを用いてデータを保存する save 関数を作成します。ファイルの保存は各節で取りあげてきましたので，必要なら参照してください。

　まず①のように save 関数を宣言し，次の②で収集したデータが保管されてある変数（ここで
は，htlinfo_all）を pandas の DataFrame メソッドを使ってデータフレームにした上で，df とし
て変数指定します。

　次に③では，to_csv メソッドを使い，df 変数を csv 形式に変換しています。引数に，index =
False と index 不要の設定および，encoding='utf-8-sig' と文字化け防止のための文字エンコー
ディングを設定しています。

　最後に④では，作業終了の確認のため取得したデータの件数を画面表示させます。len メ
ソッドを用いて保存したデータの件数を確認し，f 文[6] と組み合わせてコード化しています。
これで取得された宿泊施設の件数が確認できます。

```
In ①def save(htlbsinfo_all):
   ②df = pd.DataFrame(htlbsinfo_all)
   ③df.to_csv('rakuten_hotels_info.csv', index=False, encoding='utf-8-sig')
   ④print(f'{len(htlbsinfo_all)}件のデータを保存しました。')
```

（7）main 関数の作成

　main 関数化のため，①のように宣言し，次に②のように必要なライブラリをインポートしま
す。ここでは requests と pandas は欠かせないものですが，time は取得スピードの制御のため，
また tqdm は進行状況の可視化のため追加しています。time および tqdm はなくてもデータの
取得に支障はありませんが，time メソッドを追加しないと作業の進行スピードが速いためエ
ラーになってしまう場合があります。このような場合には，待機時間を長く指定することで改
善や解決される場合が多いので，Web スクレイピングでは指定するものとして理解した方が無
難でしょう。

　また，tqdm メソッドがないと作業の進行状況の把握ができませんので，収集するデータが多
い場合や回線速度などにより進行が遅延される場合，作業中なのかフリーズしてしまったの
か，確認ができず困ってしまいます。このような場面で役に立つのが tqdm メソッドです。こ
れらを適宜用いることで，より実用的なコードになります。

　③は楽天 API に登録した楽天アプリ ID は地区コードの取得にも使いました。ID の取得方法
などは IX 1（2）を参照してください。

　次に④は，地区コードの取得ができる url および宿泊施設情報が取得できる url です。
getresult 関数では，search_url をもとに scrap_url を作成して使っています。⑤で検索する都道
府県名を指定します。全国を指定する場合には空白のままにします。⑥では，作成した関数を
実行順番に合わせて羅列し，実施順番を決めます。最後に⑦では，すべての関数の実行後，
Finish. と画面表示し終了を知らせます。コード実行中には実施状況に合わせて案内の内容を画
面表示し，コードの実行状況の案内と確認をしています。

　6）f 文については，VI 1 にて使い方などについて解説しました。必要なら参考にしてください。

```
In  ① if __name__=='__main__':
    ②     import requests
           import pandas as pd
           import time
           from tqdm import tqdm

    ③     API_ID = '1███████████████'
    ④     area_url = 'https://app.rakuten.co.jp/services/api/Travel/GetAreaClass/2013102
           search_url = 'https://app.rakuten.co.jp/services/api/Travel/SimpleHotelSearch/20
    ⑤     都道府県名 = '北海道'

    ⑥     areacodes = getareacode(API_ID,area_url)
           middle, small, detail = filtering(areacodes, 都道府県名)
           listno = getpages(areacodes, middle, small, detail)
           result_all = getresult(listno)
           htlbsinfo_all = gethotelinfo(result_all)
           save(htlbsinfo_all)

    ⑦     print('Finish.')
```

　最後に，本節で取りあげた楽天トラベル宿泊施設情報の取得用コードの全文です（図 IX-11）。確認や学習の際に参考にしてください。

図 IX-11　楽天トラベル宿泊施設情報取得の学習用コード集

```
def getareacode(API_ID, area_url):
    areacodes = []
    area_params = {
        'applicationId': API_ID,
        'format': 'json',
    }
    area_res = requests.get(area_url,area_params)
    classcode = area_res.json()

    pref = classcode['areaClasses']['largeClasses'][0]['largeClass'][1]['middleClasses']
    for i in range(len(pref)):
        mid = pref[i]['middleClass']

        sma = pref[i]['middleClass'][1]['smallClasses']
        for j in range(len(pref[i]['middleClass'][1]['smallClasses'])):
            if len(sma[j]['smallClass']) == 2:
                det = sma[j]['smallClass'][1]['detailClasses']

                for k in range(len(det)):
                    area_code = {
                        'middleClassCode': mid[0]['middleClassCode'],
                        'middleClassName': mid[0]['middleClassName'],
                        'smallClassCode': sma[j]['smallClass'][0]['smallClassCode'],
                        'smallClassName': sma[j]['smallClass'][0]['smallClassName'],
                        'detailClassCode': det[k]['detailClass']['detailClassCode'],
                        'detailClassName': det[k]['detailClass']['detailClassName']
                    }
                    areacodes.append(area_code)
            else:
```

```
            area_code = {
                'middleClassCode': mid[0]['middleClassCode'],
                'middleClassName': mid[0]['middleClassName'],
                'smallClassCode': sma[j]['smallClass'][0]['smallClassCode'],
                'smallClassName': sma[j]['smallClass'][0]['smallClassName'],
                'detailClassCode': '',
                'detailClassName': ''
            }
            areacodes.append(area_code)
    return areacodes


def filtering(areacodes, 都道府県名):
    df = pd.DataFrame(areacodes)
    if 都道府県名 == '':
        filtered = df
        filtered = filtered.values.tolist()
    else:
        filtered = df.loc[ df['middleClassName']== 都道府県名, :]
        filtered = filtered.values.tolist()
    middle = [i[0] for i in filtered]
    small = [i[2] for i in filtered]
    detail = [i[4] for i in filtered]
    return middle, small, detail


def getpages(areacodes, middle, small, detail):
    print('page 数を取得中…')

    # areacodes 別，データ表示のページ数を取得
    result = []
    for j in tqdm(range(len(middle))):
        if pd.isna(all(detail)):
            htl_params = {
                'applicationId': API_ID,
                'format': 'json',
                'formatVersion':2,
                'largeClassCode': 'japan',
                'middleClassCode': middle[j],
                'smallClassCode': small[j],
                'datumType':1,
            }
        else:
            htl_params = {
                'applicationId': API_ID,
                'format': 'json',
                'formatVersion':2,
                'largeClassCode': 'japan',
                'middleClassCode': middle[j],
                'smallClassCode': small[j],
                'detailClassCode': detail[j],
                'datumType':1,
            }
        htl_res = requests.get(search_url,htl_params)
        rst = htl_res.json()
```

```
        result.append(rst)
        time.sleep(.5) # データ取得スピード制御
    record_page = [i['pagingInfo']['pageCount'] for i in result]

    # データ表示ページ数を middle,small,detail 別 classcode と併せてデータフレーム化
    listno = pd.DataFrame(
        {'middle':middle,
         'small':small,
         'detail':detail,
         'page':record_page
        })
    print('page 数を取得完了')
    return listno


def getresult(listno):
    print(' 宿泊施設のすべてのデータを取得中…')
    listnocode_list = listno.values.tolist()
    result_all = []
    for i in tqdm(range(len(listnocode_list))):
        # 大分類，中分類，小分類の値を取得
        middle_class = listnocode_list[i][0]
        small_class = listnocode_list[i][1]
        detail_class = listnocode_list[i][2]

        # detail_class の有無を確認し，class code を指定
        if listnocode_list[i][2] == '':
            htl_params = {
                'applicationId': API_ID,
                'format': 'json',
                'formatVersion':2,
                'largeClassCode': 'japan',
                'middleClassCode': middle_class,
                'smallClassCode': small_class,
                'datumType':1,
            }
        else:
            htl_params = {
                'applicationId': API_ID,
                'format': 'json',
                'formatVersion':2,
                'largeClassCode': 'japan',
                'middleClassCode': middle_class,
                'smallClassCode': small_class,
                'detailClassCode': detail_class,
                'datumType':1,
            }

        # areacode list 内の 'pageCount' を確認し，すべてのページを巡回しながら情報を収集
        for j in range(1,listnocode_list[i][3]+1):
            scrap_url = search_url + '?page=' + str(j)
            htl_res = requests.get(scrap_url,htl_params)
            time.sleep(1)
            result = htl_res.json()
            result_all.append(result)
```

```python
        print(' 宿泊施設のすべてのデータを取得完了')
        return result_all


def gethotelinfo(result_all):
    htlbsinfo_all = []
    for i in range(len(result_all)):
        for htl in result_all[i]['hotels']:
            htlbsinfo = htl[0]['hotelBasicInfo']
            # 取得するホテルの情報を辞書型で指定
            bsinfo = {
                'hotelName': htlbsinfo['hotelName'],
                'prefecture': htlbsinfo['address1'],
                'address': htlbsinfo['address2'],
                'telephoneNo': htlbsinfo['telephoneNo'],
                'nearestStation': htlbsinfo['nearestStation'],
                'longitude': htlbsinfo['longitude'],
                'latitude': htlbsinfo['latitude'],
                'minimumCharge': htlbsinfo['hotelMinCharge'],
                'reviewCount': htlbsinfo['reviewCount'],
                'reviewAverage': htlbsinfo['reviewAverage'],
            }
            htlbsinfo_all.append(bsinfo)
    return htlbsinfo_all


def save(htlbsinfo_all):
    df = pd.DataFrame(htlbsinfo_all)
    df.to_csv('rakuten_hotels_info.csv', index=False, encoding='utf-8-sig')
    print(f'{len(htlbsinfo_all)} 件のデータを保存しました。')


if __name__=='__main__':
    import requests
    import pandas as pd
    import time
    from tqdm import tqdm

    API_ID = '1                      3'
    area_url = 'https://app.rakuten.co.jp/services/api/Travel/GetAreaClass/20131024'
    search_url = 'https://app.rakuten.co.jp/services/api/Travel/SimpleHotelSearch/20170426'
    都道府県名 = '北海道'

    areacodes = getareacode(API_ID,area_url)
    middle, small, detail = filtering(areacodes, 都道府県名)
    listno = getpages(areacodes, middle, small, detail)
    result_all = getresult(listno)
    htlbsinfo_all = gethotelinfo(result_all)
    save(htlbsinfo_all)
    print('Finish.')
```

X　タウンページからの検索情報の収集

　Webスクレイピングにおける重要なポイントは，適切なタグの指定と繰り返し文の使用といえます。前章までこの2点について初学者が難しく感じるところを取りあげ，詳しく解説してきました。これまでの学習で一般的なサイトからのデータ収集ができるようになったと思いますが，JavaScriptなどを用いた，いわゆる動的サイト[1]といわれるサイトからのデータ収集にはいくつかの課題が残ります。

　本章では，JavaScriptを含むScript系を用いたサイト，いわゆる動的サイトからのデータ収集を取りあげます。事例としてタウンページサイト（https://itp.ne.jp/，以下，iTownPageという）を取りあげ，検索を行いその結果を収集することを解説します。

1　検索とリターンデータのurl取得

　iTownPageではトップページから検索キーワードと検索エリアを入力して検索を行うと，結果が表示されます。シンプルで分かりやすいサイトです[2]。例えば，キーワードにお好み焼き店，エリアに広島県広島市を入力して検索すると，最初のところに検索された件数が表示されます（本章の例では534件[3]）。

　検索結果画面の詳細を分析するため，F12キーをクリックしてページ内の要素を検査してみますが，前章までの解説どおり作業を行ってもなかなかタグ情報の取得ができないと思います。正確にはタグ情報は取得できますが，必要な情報の取得ができる正しいタグ情報が取得できません。

　その理由はサイト内にScriptが使われている，いわゆる動的サイトであるためです。

　この類のサイトの場合，図X-1（普段は「要素」が選択されている）でみるように，図

---

1) 動的サイトとは，乱暴な表現になりますが，クリックなどにより画面の表示は変わりますが，上部に表示されるurlは変わらないサイトをいいます。urlに変化がありませんのでurlを変えながらhtml文を表示変えしても変わった情報を収集することができなくなります。

2) iTownPageには2023年7月10日にリニューアルされたことについてのお知らせが掲載されていました。以前のサイトとは視覚的にも，また内容的にも大きく変わりました。このため，これまでのデータ取得に用いられた手法で情報を収集することはできません。本章では，リニューアルされたサイトを事例にしていますので，内容的にこれまでの書籍やインターネット上の情報と大きく異なります。

3) 検索された件数は，掲載情報がリアルタイムに変化するため，検索時期によっては結果が異なる場合があります。本章の中でも件数の不一致がありえます。この点ご承知おきください。

図 X-1　iTownPage の解析（1）

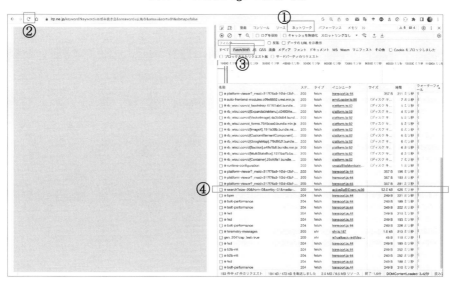

X-1-①の［ネットワーク］をクリックします[4]。図の右側のように表示されます。表示されない場合は、図 X-1-②をクリックしサイトを再度読み込みます。読み込まれていく状態が確認できると思います。次は図 X-1-③の［Fetch/XHR[5]］をクリックし、端末（使用中の PC）とサーバーとのやり取りを確認します。名前のところに js や json などで終わっているものが多くみられます。図 X-1-④は、ファイルサイズが 52.0kb と、他のものより大きいのが分かります。検索結果が含まれているため大きくなっていることが考えられます。ここでは、<u>ファイルのサイズが大きいファイルを適当にクリックして中身を確認</u>していきます。図 X-1-④を選択しクリックします。この際、図 X-2-⑤レスポンスが選択されていない場合には選択します。選択されると、図 X-2-⑥のように検索結果が表示されることが分かります。上部に "total": 534, と確認できますが、この数値はページの左上の検索件数 534 件と一致することが分かります。

　ここまでの作業から、このサイトでは<u>検索を行うと</u>その指示を、JavaScript を介してサーバーにリクエストし、<u>結果を json 形式でリターンする</u>処理を行っていることが分かります。json 形式でリターンされるデータの取得については IX 2 で解説しました。本章でのデータ取得方法も基本的に前章と変わりません。必要なら参照してください。

　図 X-2-⑥でみる json ファイルは、図 X-2-⑦に入っている新しい url の中に検索結果として入っているため、ここでは、図 X-2-⑦から新しい url をコピーし、Chrome に貼り付けて確認してみます。図 X-2-⑦を選択してからコピー → リンクのアドレスをコピーの順にクリックします。これで検索結果の json ファイルが入っている url がコピーできました。

4）使用環境によって、「要素」以外の部分が折りたたまれて確認できない場合がありますが、［»］をクリックすると確認できます。なお、内容の確認がしやすくなるよう、画面の横幅を大きく広げます。

5）XHR についての詳しい説明は割愛しますが、XML HttpRequest のことで、Script を用いてサーバーとのやり取りをするために必要なものと理解しておけばいいと思います。

　　一般的なサイトで行う作業と異なる点は，(1) 動的サイトであることに気づく必要が
あること，(2) ネットワークでサーバーへのリクエスト状況を確認できること，(3) そ
こから json ファイルが含まれている新しいサイトの url を取得[6] できることの 3 点を順
に処理していることです。この意味では，前章より難易度が高くなっているといえます。

図 X-2　iTownPage の解析（2）

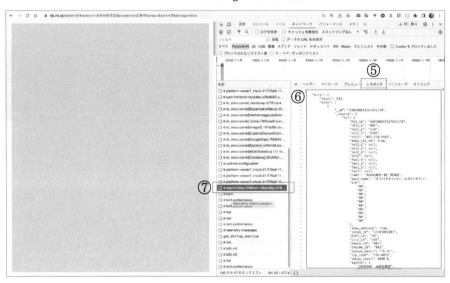

　Chrome の新しいページを開け，url を貼り付け実行させるだけで json 形式の検索結果のデー
タは取得されました。Chrome ページをみると図 X-3 のように画面いっぱいが文字などで埋め
尽くされているのが確認できます。よくみると，辞書型のデータであることが分かります。

　最上部の url 欄には，https://itp.ne.jp/search?size=20&sortby=01&media=pc&kw= お好み焼き
店 &area= 広島市 &from=0 のようになっており，kw= に続いて検索キーワードのお好み焼き店
が，さらに，area= に続き，広島市が含まれていることが分かります。

　この 2 箇所を書き換えることで，トップページ上から検索キーワードとエリアを指定して検
索することと同じことになります。試しに，適宜キーワードと場所を書き換えて Chrome に貼
り付けて実行してみてください。画面上には新しいキーワードとエリアの検索結果が表示され
ることが確認できます。

---

6) json 形式のリターン値を一般ユーザーにはみえないような処理をしているサイトが増加傾向にあります。
　つまり，Web サイトの構造変更などにより，データの取得ができなくなることがありえます。このようなト
　ラブルはとくに動的サイトでよくみられる傾向があります。ご承知おきください。本章は，動的サイトの仕
　組みの理解と json 形式のデータ取得について解説することが目的であり，データ取得を保証するものではあ
　りません。併せてご承知おきください。

図 X-3　iTownPage の検索結果

2　json データから必要なデータの取得

ここでは，前節で取得した url（検索結果が json 形式で格納されている）をもとに必要なデータを取得するため，コードを作成します。

> サイトのタグなどは頻繁に変わりますので，情報取得ができない場合は url を直接入力してください。

（1）json データのリターン url の検査

サーバーへのリクエストの後，サーバーからのリターン値が正常なのかを確認します。request に用いる url は，前節で解説した方法でネットワークのながれで確認できる，検索結果の url を使います。必要なら前節の内容を参照してください[7]。

まず，①のように requests し，res 変数に指定します。リクエストに対するリターンの状態を確認するため，raise_for_status メソッドを使い，②のように確認します。リターン値は200と正常であることが確認できました。requests の際，User-Agent などを加えなくても問題なさそうです。url だけのリクエストで進めていきます[8]。

7）この方法は動的サイトからのスクレイピングに欠かせない重要なプロセスです。json 形式のデータでもリターンの場合に多く使われています。使い方をしっかり学習しておきましょう。

8）サイトによって，リクエストを繰り返すと，サーバーからリターンが拒否される場合があります。リクエスト後リターンまでの所要時間が異様に長くなったりします。このような場合には，②の結果が400台になりエラーの種別が確認できますが，User-Agent を加えた上で，再度リクエストをすると解決される場合が多いです。なお，User-Agent については VII 4（2）で詳しく取りあげました。必要なら参照してください。

```
In    import requests

      url = 'https://itp.ne.jp/search?size=20&from=0&sortby=01&media=pc&kw=%E3%8
    ①res = requests.get(url)
    ②res.raise_for_status
```

```
Out   <bound method Response.raise_for_status of <Response [200]>>
```

（2）検索用 url の作成

　用いた url をみると，図 X-4 の①と②のように入力した検索キーワードと検索エリアが含まれていることが分かります。この 2 つを適宜変えることで，検索結果がリターンされます。検索結果のデータが入っている url を取得するためには，毎回 iTownpage サイトの検索窓からキーワードと検索地域を入力し検索した上で，F12 キーで検査を実行しネットワークを調べて url を調べる必要があります。そこで，検索語と検索エリアを指定するだけで検索できる url を作成します。このためには日本語を Ascii コードに変換した url を作成する必要があります。いわゆる url エンコーディングですが，これについては VII 1 で取りあげ解説したとおりです。必要なら参照してください。日本語で入力した url は図 X-4 でみるように自動変換され，意味が分からない記号に変わってしまいます。Chrome など多くの Web ブラウザではこのように日本語で入力すると，自動的に Ascii コードにエンコードされます。Web スクレイピングの際は，コード上でこのように変換しておく必要があります。

図 X-4　url エンコーディング例

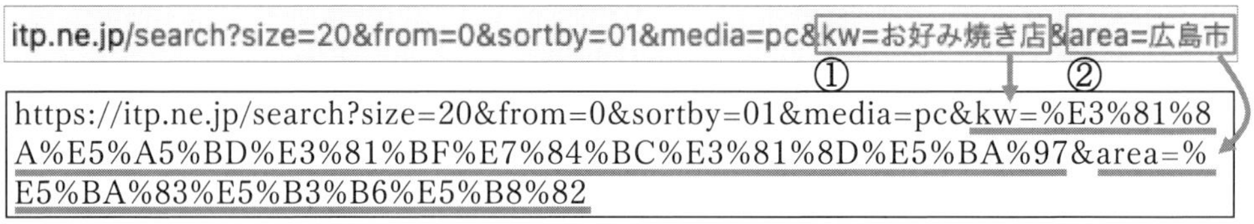

```
itp.ne.jp/search?size=20&from=0&sortby=01&media=pc&kw=お好み焼き店&area=広島市
                                              ①              ②
https://itp.ne.jp/search?size=20&from=0&sortby=01&media=pc&kw=%E3%81%8
A%E5%A5%BD%E3%81%BF%E7%84%BC%E3%81%8D%E5%BA%97&area=%
E5%BA%83%E5%B3%B6%E5%B8%82
```

　検索語にお好み焼き店，検索エリアに広島市と入れてそれぞれを urllib.parse.quote の引数として渡し，図 X-5 のようにそれぞれ変数名を key と area に指定します。いうまでもありませんが，url 変換のためにはそれより先に urllib ライブラリをインポートしておくことも約束事です。インポートされていないとエラーになります。その際は確認して適宜対処してください。

　検索キーワードとエリアを変えるだけで url が変わるようにするためには f 文との組み合わせが必要です。url は次のように f 文に組み込みます。この組み合わせの動作を確認してみたところ，リターン値でみるように前に示した url と一致しています。

　検索の引数は引数＝○○のように書いてつなぐ際，& で並べ書きするだけです。順番は問われませんので，ここではページ番号（from=）は可読性を高めるため，最後に移しておきます。その他は，検索キーワードを検索語という変数に，検索エリアを地域という変数に指定し，urllib.parse.quote メソッドを使い url エンコーディングし，それぞれを key と area に変数指定

図 X-5　検索のためのキーワードと地域の入力

url=f'https://itp.ne.jp/search?size=20&sortby=01&media=pc&kw={key}&area={area}&from='

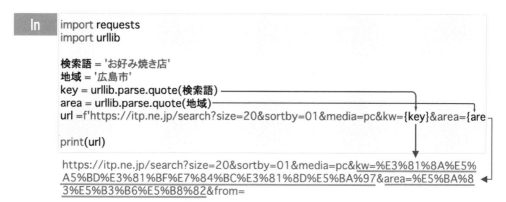

した上で，f 文と組み合わせて url を作成します。作成したコードを実行すると，リターン値の url が表示されますが，from= で終わっており最後のページ数は入っていません。

　iTownPage の検索結果はページ当たり 20 件を表示します。検索結果が 20 件を超える場合，url の中の from= の後にページを示す数字を指定する必要があります。この数字を変えながら，各ページに表示されるデータを収集していくことになります。

　次は，検索結果の件数と検索結果のページ数を確認する必要があります。

（3）検索件数と表示ページの確認

　前節で作成した url に，検索結果が掲載されている最初のページの番号をつけ，検索してデータの内容を確認してみます。

　iTownPage を検索すると url の中に from=0 と入っていることが分かります。つまり，最初のページは 0 であることが分かります。url は文字データで，最初のページを示す 0 は数字であるため，数字の 0 を文字に変換する必要があります。数字などを文字に変換するメソッド str に引数として渡し，0 を str(0) とした上で，①のように url につなぎ，サーバーに requests します。次に②で，リターンされた res 変数を json() メソッドを使い解析して json_data と変数に指定します。これで最初のページの検索結果を確認できるようになります。③で確認のため画面表示してみます。次のコード文のようにリターン値は最初の一部のみ表示されていますが，辞書型の json 形式のデータであることが分かります。また，最初の行には {'hits': {'total': 535,[9] とあり，検索結果の件数を示していることも分かります。

9）検索件数は日々変化するため，検索時期によって変わりますが，サイトに表示される検索件数と total の数字が一致していれば問題ありません。

```
In ① res = requests.get(url + str(0))
     res.raise_for_status

   ② json_data = res.json()
   ③ json_data
```

```
Out  {'hits': {'total': 535,
       'hits': [{'_id': '340100633167431170',
         '_source': {'ki': {'hki_id': '340100633167431170',
           'tel1_1': '082',
           'tel1_2': '510',
           'tel1_3': '5585',
           'tel1': '082-510-5585',
           'show_tel_no': True,
           'tel2_1': None,
           'tel2_2': None,
           'tel2_3': None,
           'tel2': None,
           'fax1_1': None,
           'fax1_2': None,
           'fax1_3': None,
           'fax1': None,
           'name': 'お好み焼き一銭／向洋店',
```

　わたしたちが普段接するjsonデータは構造化されたものがほとんどです。これらのファイルからデータ取得のためには，まずファイルの構造を把握する必要があります。jsonファイルについては前章で取りあげました。必要なら参照してください。

　しかし，jsonファイルの構造はそれぞれ異なります。本節ではiTownPageのjson構造について説明します。

　前の図のリターン値を用いて説明すると，最初に，hitsにtotalとhits（2段目）などがあることが分かります。hits内のhitsがもつデータは［で始まっていることからリスト形式のデータであることが分かります。これは，同じ形式のデータが複数入っていることを意味します。読み込む際，リスト形式のデータの読み込みに必要な1番目，2番目，3番目のように読み込む必要があります。最初のもの［0］をみてみると，_idと_sourceがあることも分かります。さらに_sourceにはkiとあり，その中にnameやjusyoのように収集しようとする情報が入っていることが分かります。これらを分かりやすく図式化すると図X-6のとおりです。

　まず，検索件数を取得します。

　json_dataの［'hits'］の中の［'total'］（辞書型データのkey）を指定することで，辞書型データのvalueがリターンされますので，ここでは535がリターンされます。これを画面表示してみると次のように535と表示されます。これで検索された件数の取得ができました。

```
In   numbers = json_data['hits']['total']

     print(numbers)
```

```
Out  535
```

図 X-6　iTownPage の json データの構造

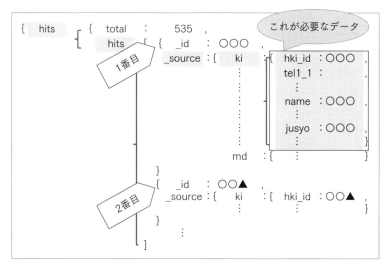

iTownPage は1ページ当たり20件を表示しますので，535件の場合，535÷20で20件表示される26ページと最後に15件表示される1ページで計27ページになります。つまり，検索された件数が20で割り切れるなら，ページ数は商になります。割り切れず余りがあるなら，ページ数は商＋1になります。

コード化するためには条件分岐が必要です。①でnumbersを20で割った余りが0かどうかを判定し余りが0なら，②でnumbersを20で割った商をpage変数と指定します。①で余りが0でなければ，③で②の結果に1をプラスしたものをpage変数に指定しています。最後にこの演算結果を画面表示するとリターン値は27となります。ここでの演算記号については表III-1で取りあげています。必要なら参照してください。

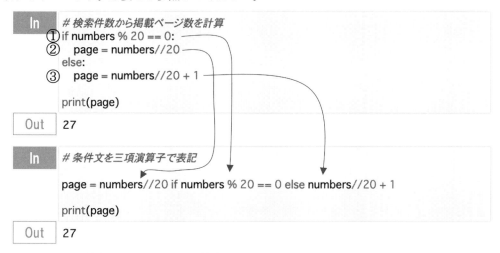

ここまでで，検索件数は535件で，検索結果を表示するページは27ページにわたることが分かりました。用いた条件文は4行にわたります。そこで三項演算子を用いることで1行にまと

図 X-7　三項演算子の書き方

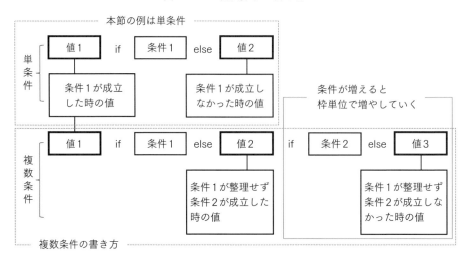

めることができますので，本節では三項演算子を用いることにします。if 文と三項演算子の関係は図 X-7 に示したとおりです。

　慣れるまでは if 文を書いてから三項演算子の書き方に合わせて並べ替えましょう。本節では単条件の例をあげていますが，三項演算子は複雑な条件の分岐にも使えます。書き方は，図 X-7 のとおりですが，単条件の場合とほとんど変わりません。条件が増え複数の条件になる場合，図に示したとおり「if-else」を後ろ側に加えるだけです。長くなりがちな条件分岐に活用できます。

（4）検索された各ページの url リスト作成

　前節で検索件数の確認と掲載ページ数の計算ができましたので，ここではデータが掲載されている各ページの url リストを作成します。X 2（2）ではページ番号が入っていない url を作成しました。ここではすべてのページ番号を加えた url リストを作成します。ページ番号は，検索結果画面の下部にはページ番号が 1,2,3,… と表示されています。最初のページは from=0，次のページは from=20，その次は from=40 と続きます。このようにページ番号は 0,20,40,… と 20 ずつ増えていくことが分かります。例えば，前節で調べたページ数は 27 でしたので，ページ番号は 0,20,40,… と 20 ずつ 27 回増やしていけば全ページの指定ができます。

　ここで，range メソッドを用いて前節で調べたページをもとに 26×20 = 520 までを 20 ずつ増やしていく設定をします。for i in range(0, page*20, 20) になります。この数値を X 2（2）で作成した url に加えます。この際，url は文字型でページ数は数字型なので，データ型を合わせる必要があります。このため，str(i) と文字に変換する必要があります。url + str(i) になります。for 文を使えば，順に作成したページ数入り url を事前に作成してある変数 url_items に書き加え url リストの作成ができます。コードは次のとおりです。次のリターン値は最初の 1 件のみ表示したものですが，ページ数が加えられていることがリターン値の枠内から確認できます。

```
In    # url_listの作成
      url_items = []

      for i in range(0,page*20,20):
          url_items.append(url + str(i))

      print(url_items)
```

```
Out   ['https://itp.ne.jp/search?size=20&sortby=01&media=pc&kw=%E3%81%8A%E
      5%A5%BD%E3%81%BF%E7%84%BC%E3%81%8D%E5%BA%97&area=%E5%B
      A%83%E5%B3%B6%E5%B8%82&from=0', 'https://itp.ne.jp/search?size=20&sor
```

　しかし，for 文による表記は事前にデータを貯める変数の設定を含め，3 行必要になりますが，内包表記を用いることで1行だけのスッキリしたコードになります。内包表記については，図 V-8 で取りあげ詳しく解説しました。必要なら参照してください。for 文を使った url リストを内包表記で書き直すと次のように1行になります。作成した url リストは url_items と変数指定しておきます。ここでは内包表記をもとに記述していくことにします。print(url_items) で実行結果を画面表示してみると，枠内から from=0，from=20，from=40 とページ数が追加された url リストが作成されていることが確認できます。本節の例示は途中で切れていますが，読者のリターン値は最後の520 までのすべてが表示されていると思います。

```
In    # 内包表記を用いたurl_listの作成
      url_items = [ url + str(i) for i in range(0,page*20,20)]

      print(url_items)
```

```
Out   ['https://itp.ne.jp/search?size=20&sortby=01&media=pc&kw=%E3%81%8A%E
      5%A5%BD%E3%81%BF%E7%84%BC%E3%81%8D%E5%BA%97&area=%E5%B
      A%83%E5%B3%B6%E5%B8%82&from=0', 'https://itp.ne.jp/search?size=20&sor
      tby=01&media=pc&kw=%E3%81%8A%E5%A5%BD%E3%81%BF%E7%84%BC%E
      3%81%8D%E5%BA%97&area=%E5%BA%83%E5%B3%B6%E5%B8%82&from=2
      0', 'https://itp.ne.jp/search?size=20&sortby=01&media=pc&kw=%E3%81%8A%E
      5%A5%BD%E3%81%BF%E7%84%BC%E3%81%8D%E5%BA%97&area=%E5%B
      A%83%E5%B3%B6%E5%B8%82&from=40', 'https://itp.ne.jp/search?size=20&so
```

（5）json データから必要項目の取得

　前節で url リストを作成できましたので，ここでは最初のページの json データから必要項目の取得を取りあげ，解説します。最初のページからデータ取得ができれば，ページを変えながら繰り返しデータ取得をしていけばすべてのページから必要項目が取得できます。

　次の①は url を前節で作成した url の最初のもの（0 番目）を使ってリクエストしています。②では，リターン値 res を json（）メソッドで解析し json_data と変数指定しています。③では json_data を解析し［'hits'］の中の［'hits'］を items と変数指定しています。リターン値から分かるように［ で始まっており，リスト形式，つまり複数個含まれています。

```
In   ① res = requests.get(url_items[0])
     ② json_data = res.json()
     ③ items = json_data['hits']['hits']

     items

Out  [{'_id': '340100633167431170',
      '_source': {'ki': {'hki_id': '340100633167431170',
        'tel1_1': '082',
        'tel1_2': '510',
        'tel1_3': '5585',
        'tel1': '082-510-5585',
```

　items変数を画面表示してみると，中に必要な情報が含まれていることが分かります。json データであるため，取得には階層構造を理解する必要があります。json文の構造については図 X-6で取りあげ解説しました。必要なら参照してください。

　json文の構造を解析しながらitems変数の中のデータをfor文を使って取得していきます。ま ず，①のようにfor文の前に取得データを貯める空白の変数，item_listを指定します。次はfor 文を用いてitems内のデータを順番に取得しています。②ではitem内の［'_source'］内の［'ki'］ が繰り返し使われるため，item_infoと変数指定し可読性をよくします。③では，item_infoの 中から必要な情報を取得し辞書型にまとめ，_info変数に指定します。④では辞書型でまとめら れたデータを事前に作成してあるitem_list変数に追加して貯めていきます。⑤ではlenメソッ ドを使い貯めたデータの件数を確認しています。最後に⑥では，貯めたデータを画面表示して います。次の実行結果には2件のみの表示ですが，名称・電話・住所（町丁字）・経度・緯度の 情報が取得されていることが確認できます。これで，前節で作成したurl_itemsの最初のページ からデータを取得することができました。

```
In   ① item_list = []

     for item in items:
     ② item_info = item['_source']['ki']
     ③ _info = {
         '名称' : item_info['name'],
         '電話' : item_info['tel1'],
         '住所' : item_info['jusyo'],
         '経度' : item_info['location_w'][0],
         '緯度' : item_info['location_w'][1],
         }
     ④ item_list.append(_info)

     ⑤ print(len(item_list))
     ⑥ item_list
```

Out	20

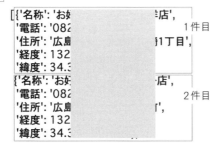

```
[{'名称':'お好            店',
  '電話':'082             1件目
  '住所':'広島          1丁目',
  '経度':132
  '緯度':34.3
 {'名称':'お好            店',
  '電話':'082             2件目
  '住所':'広島          ',
  '経度':132
  '緯度':34.3
```

（6）すべての検索結果の取得

前節では requests.get（url_items[0]）のように，url_items に貯めてある検索結果が入っている url リストから最初のページのデータ取得を例にコード作成を解説しました。データの取得ができることが分かったところで，本節ではすべてのページを対象にデータ取得に必要なコードを作成していきます。

まず，検索結果の件数によっては作業に時間がかかるため，進行状況を画面表示し作業中であることを知らせるようにします。本節では①のように tqdm メソッドを進行状況を可視化するため，インポートしておきます。次に，②のように，取得データを貯めておく空白の変数 item_list を繰り返し作業の前にしてしておきます。③では，すべての url から順に json データを取得していきます。作業の進行状況を表示するため，③のように tqdm メソッドを組み合わせて使います。tqdm メソッドの使い方については図 V-10 で解説しました。必要なら参照してください。tqdm メソッドはコードを実行すると，⑧でみるように画面に表示され，進行状況が確認できます。また，前節では url_items[0] とリスト型の url_items の最初のページを対象に取りあげましたが，ここではすべてを取りあげるため url_items だけになっています。続いて④では前節で行った必要項目の取得に使われたコードをそのまま転用しています。

⑤でも取得データを貯めておくための変数 item_list に取得するデータを辞書型としてまとめた _info 変数を追加（append）しているだけです。これでコードは終わりですが，⑥では貯めたデータの件数を確認するため len メソッドを使っており，実行結果が⑨で535と，確認できます。⑦は取得したデータの確認のため，画面表示していますが，実行結果は⑩で確認できます。ここでは，535件の中，最初の1件のみ表示していますが，実際のリターン値では535件すべてが表示されます。これで，検索結果のすべてのデータを取得できました。

```
In ① from tqdm import tqdm

    # すべてのページからデータ取得
② item_list = []
③ for url_item in tqdm(url_items):
       res = requests.get(url_item)
       json_data = res.json()
       items = json_data['hits']['hits']

       # json型データから必要な項目を取得
④    for item in items:
          item_info = item['_source']['ki']
          _info = {
             '名称' : item_info['name'],
             '電話' : item_info['tel1'],
             '住所' : item_info['jusyo'],
             '経度' : item_info['location_w'][0],
             '緯度' : item_info['location_w'][1],
             }
⑤       item_list.append(_info)

⑥ print(len(item_list))
⑦ item_list
```

```
Out ⑧ 100%
          | 27/27 [00:18<00:00, 1.43it/s]    ← 進行状況の表示（tqdm メソッド）
                                                27ページの中，27ページ目の作業終了を表示
⑨ 535


⑩ [{'名称': 'お　　　　　　　り',            535件の中，1件目を表示
    '電話': '082
    '住所': '広　　　　　　　丁目',
    '経度': 132
    '緯度': 34.
```

（7）取得データの保存

前節までで検索結果のすべてを取得することができましたので，ここでは csv 形式のファイルに保存することを取りあげ解説します。保存の際，検索語と検索エリアでファイル名を自動的につけてくれるコードを作成します。

保存のため，取得したリスト型のデータをデータフレーム形式に変換する必要がありますので，①では pandas ライブラリをインポートしておきます。次に収集したすべてのデータが入っている変数 item_list をデータフレームに変換したものを，②では csv に変換保存していますが，この際，ファイル名には f 文を用いて検索地域と検索エリアをファイル名に指定しています。また，index=False とインデックスを不要とし，文字化け防止のための encoding = 'utf-8-sig' と引数を指定しています。最後に③では保存の確認と作業終了の確認のため，画面表示を加えています。

ここまでで，iTownPage から検索した結果から必要な項目を取得し，Excel など各種表計算ソフトなどで利用でき，汎用性が高い csv 形式で保存するまでの過程を，分割して解説しました。

```
① import pandas as pd

   # 取得データをcsv形式で保存
   df = pd.DataFrame(item_list)
② df.to_csv(f'{地域}_{検索語}.csv', index = False, encoding = 'utf-8-sig')

③ print(f'Data are saved as {地域}_{検索語}.csv')
   print('Finish.')
```

```
Out  Data are saved as 広島市_お好み焼き店.csv
     Finish.
```

3　関数化と main 関数の作成

前節まで取りあげた各部分のコードを関数化することと，関数化されたパッケージを呼び出すために必要な main 関数を作成することを組み合わせて完成します。関数化によりパッケージ化しておくことで必要な時，関数単位で再利用ができるため，転用できるようになります。読者のスキル向上につれ，コーディング時間の短縮につながっていくと思います。

（1）関数化

1）ページごとの url 作成

最初に，検索に必要な検索語と検索エリアを関数の引数として渡し，関数内で url エンコーディングし f 文を介して url 集を作成するようにしています。

```
# ページごとのurlリスト作成
def get_urls(検索語, 地域):
    key = urllib.parse.quote(検索語)
    area = urllib.parse.quote(地域)
    url =f'https://itp.ne.jp/search?size=20&sortby=01&media=pc&kw={key}&area={area}&

    # 最初のページから検索件数を取得
    res = requests.get(url + str(0))
    res.raise_for_status
    json_data = res.json()
    numbers = json_data['hits']['total']

    # 三項演算子を用いて検索件数から掲載ページ数を計算
    page = numbers // 20 if numbers % 20 == 0 else numbers // 20 + 1

    # 内包表記を用いたurl_listの作成
    url_items = [ url + str(i) for i in range(0,page*20,20)]

    # 掲載ページ数の画面表示
    print('掲載ページ数：' + str(page))
    return url_items
```

2) ページ内の必要項目の取得

　各ページの url 集を用いて，1つ1つ順に呼び出して掲載データから必要な項目を取得し結果をリターンするまでを関数化します。前節で解説した内容を集めたものです。その他に，サーバーへの負担軽減のため，スクレイピングのスピード制御に time メソッドを用いて1件のデータを収集するごとに1秒待機するよう time.sleep(1.0) とし，遅延させています。スクレイピングにエラーなどの不具合が発生するなら，待機時間を長くとるように適宜修正して実行しましょう。

```
In
# すべてのページから必要項目を取得
def parse(url_items):
    item_list = []
    for url_item in tqdm(url_items):
        res = requests.get(url_item)
        json_data = res.json()
        items = json_data['hits']['hits']

        # json型データから必要な項目を取得
        for item in items:
            item_info = item['_source']['ki']
            _info = {
                '名称' : item_info['name'],
                '電話' : item_info['tel1'],
                '住所' : item_info['jusyo'],
                '経度' : item_info['location_w'][0],
                '緯度' : item_info['location_w'][1],
                }
            item_list.append(_info)

    time.sleep(1.0)
    return item_list
```

3) 取得データの保存

　Excel など，一般的な表計算ソフトでの利用を考えて汎用性が高い csv 形式のファイルで保存するまでの過程を関数化します。保存の際，2バイト文字の文字化け防止のため，encoding = 'utf-8-sig' を書き加えています。文字化けは文字コードの相違で生じる現象です。unicode（utf-8）対応のソフトを使用する際には文字化けは起こりませんが，とくに日本語版 Windows などを使う場合には文字化けに注意が必要です[10]。

　また，検索キーワードと検索エリアで保存するファイル名をつけるため，f 文を介する設定にしています。最後は，内容の確認のための画面表示ですので，保存には直接関係ありませんが，目視で取得できた内容と保存ファイル名，作業終了などの確認ができるようにしています。

　この工程は，ほとんどの場合，Web スクレイピングの最後に行うことといえますので，関数化しておくことで転用できます。

---

10) 最近，unicode 対応など，対策が強化されていますが，一部のソフトでは文字化けが生じます。このような問題に発展しないよう，保存の際には2バイト文字の化け防止コードを組み込みましょう。

```
# 取得データをcsv形式で保存
def save(item_list):
    df = pd.DataFrame(item_list)
    df.to_csv(f'{地域}_{検索語}.csv', index = False, encoding = 'utf-8-sig')

    # 進行状況の確認のため、保存したファイル名と終了のお知らせの表示
    print(f'Data are saved as {地域}_{検索語}.csv')
    print(df)
    print('Finish.')
```

（2）main 関数の作成

main 関数は，ここまで行った関数化されたパッケージを呼び出して正しく動作するように組み立てることです。

最初に，コードの可読性を高めるため，スクレイピングに必要とされるライブラリを配置しておきます。次は検索に必要なキーワードとエリアを指定しておくだけです。指定されたものは最初の関数の引数として渡されます。その後は処理する順に並べられてある関数が処理されていくことになります。作業の進行中は tqdm メソッドの働きでプログレスバーにより進行状態が確認でき，終了後には取得できたデータの一部が表示されます。

```
if __name__ == '__main__':
    # 必要ライブラリのインポート
    import requests
    import urllib
    import pandas as pd
    from tqdm import tqdm
    import time

    # 検索のためのキーワード及び地域を入力
    検索語 = 'お好み焼き店'
    地域 = '広島市'

    # 作成した関数を実行順に並べる
    url_items = get_urls(検索語, 地域)
    item_list = parse(url_items)
    save(item_list)
```

Out 掲載ページ数：27

```
100%|████████████████████|
      |███████| 27/27 [00:19<00:00, 1.36it/s]
Data are saved as 広島市_お好み焼き店.csv
       名称        電話      住所       経度     緯度
0   お好み        洋店 082   広島県広島市        ,462
34.372434
1   お好み        子店 082   広島県広島        9 34.
392584
2   お好み       町店 082   広島県広島市        228
34.373331
3   お好み       こん 082   広島県広島市        665
34.385435
4   お好み焼    てつ京橋店        676   広島県       4715
53 34.394
```

　本章では，検索結果が json 形式でリターンされる iTownPage を事例にデータ取得を学習し
ました。最後に，図 X-8 は本章で取りあげた情報の取得用コードの全文です。確認や学習に参
考にしてください。

図 X-8　タウンページからの検索情報取得の学習用コード集

```python
# ページごとの url リスト作成
def get_urls（検索語，地域）:
    key = urllib.parse.quote（検索語）
    area = urllib.parse.quote（地域）
    url =f'https://itp.ne.jp/search?size=20&sortby=01&media=pc&kw={key}&area={area}&from='

    # 最初のページから検索件数を取得
    res = requests.get(url + str(0))
    res.raise_for_status
    json_data = res.json()
    numbers = json_data['hits']['total']

    # 三項演算子を用いて検索件数から掲載ページ数を計算
    page = numbers // 20 if numbers % 20 == 0 else numbers // 20 + 1

    # 内包表記を用いた url_list の作成
    url_items = [ url + str(i) for i in range(0,page*20,20)]

    # 掲載ページ数の画面表示
    print(' 掲載ページ数　　: ' + str(page))
    return url_items

# すべてのページから必要項目を取得
def parse(url_items):
    item_list = []
    for url_item in tqdm(url_items):
        res = requests.get(url_item)
        json_data = res.json()
        items = json_data['hits']['hits']

        # json 型データから必要な項目を取得
        for item in items:
            item_info = item['_source']['ki']
            _info = {
                ' 名称 ' : item_info['name'],
                ' 電話 ' : item_info['tel1'],
                ' 住所 ' : item_info['jusyo'],
                ' 経度 ' : item_info['location_w'][0],
                ' 緯度 ' : item_info['location_w'][1],
                }
            item_list.append(_info)

    time.sleep(1.0)
    return item_list


# 取得データを csv 形式で保存
def save(item_list):
```

```
    df = pd.DataFrame(item_list)
    df.to_csv(f'{ 地域 }_{ 検索語 }.csv', index = False, encoding = 'utf-8-sig')

    # 進行状況の確認のため，保存したファイル名と終了のお知らせの表示
    print(f'Data are saved as { 地域 }_{ 検索語 }.csv')
    print(df)
    print('Finish.')


if __name__ == '__main__':
    # 必要ライブラリのインポート
    import requests
    import urllib
    import pandas as pd
    from tqdm import tqdm
    import time

    # 検索のためのキーワード及び地域を入力
    検索語 = ' お好み焼き店 '
    地域 = ' 広島市 '

    # 作成した関数を実行順に並べる
    url_items = get_urls（検索語，地域）
    item_list = parse(url_items)
    save(item_list)
```

索　引

著者紹介

金　徳　謙（キム　トクケン）

1986年，韓国京畿大学校経商大学観光開発学科卒業後，来日
　　　　日本及び外国の旅行会社勤務（2003年まで）
2000年，立教大学大学院観光学研究科博士前期課程終了
2003年，立教大学大学院観光学研究科博士後期課程単位取得満期退学
　　　　立教大学観光学部助手
2005年，財団法人日本交通公社客員研究員
2006年，香川大学経済学部講師，准教授，教授
2018年，広島修道大学商学部教授，現在に至る

主な著書：
『実践利用にステップアップを目指す QGIS 応用編』（2022）
『これで使える QGIS 入門』（2020）
『図説日本の島』（2018）
『観光地域調査法』（2016）
『瀬戸内海観光と国際芸術祭』（2012）
『瀬戸内圏の地域文化の発見と観光資源の創造』（2010）
『観光学へのアプローチ』（2009）
『新しい観光の可能性』（2008）などがある

内容に関するお問い合わせ先：
kimutoku@alpha.shudo-u.ac.jp

広島修道大学テキストシリーズ

これで使える実践 Web スクレイピング
── Python で学ぶ Web 情報収集 ──

2024年5月31日初版発行

著　者　金　　　徳　謙

発行者　清　水　和　裕

発行所　一般財団法人　九州大学出版会
　　　　〒819-0385　福岡市西区元岡744
　　　　九州大学パブリック4号館302号室
　　　　電話 092-836-8256
　　　　URL https://kup.or.jp/
　　　　印刷・製本／城島印刷㈱